成衣样版工艺解析与设计

尚笑梅　李　慧　著

东华大学 出版社

·上海·

内容简介

本书是服装行业成衣样版设计与制作的专业教程,是作者几十年时间积累的成衣样版专业知识。其以实践应用为导向,详细全面地介绍了成衣样版涉及的基本制图知识、人体体型特征、成衣的工艺解析、成衣中心样版设计等成衣工业样版产生的全流程,并提供了相应的实践引导。另外,本书按照国际缝型标准,采用缝型剖面图解的形式,直观地诠释了服装工艺特点及不同制作结构的特征,通过缝型加图示使阅读理解过程更简便、更轻松、更有趣。主要内容包括:成衣工程制图及制版基础知识、下装成衣工艺及样版(下体体型特征与着装关系、西短裙和女西裤工艺及样版)、上装成衣工艺及样版(上体体型特征与着装关系、男衬衫和女西便装工艺及样版)、成衣制版实例等。

本书既可作为高等院校服装工程、服装设计等相关专业的教材或教学参考用书,职高服装专业及各类服装教育培训教材或自学参考书,也可作为服装企业和相关企业技术人员的阅读参考用书。

专利技术支持

1.ZL 2015　2　0145907.7

2.ZL 2015　2　0146118.5

3.ZL 2015　2　0146116.6

4.ZL 2015　2　0145908.1

目　　录

绪　论

　　服装是指人上体与下体所穿衣装的总和,其从时间和空间角度均与人体有着极其密切的关系,故被称为人体的"第二层皮肤"。服装不仅具有保护、装饰美化人体的作用,同时也是一种工业化产品。可以说服装是一个包含了实用性、文化性以及艺术性的工程化物品形式。因此,服装在设计和生产过程中要时刻体现工程性。成衣是服装的一种品类,是指按照标准号型大批量生产制作出的衣服,是相对于量体裁衣式的服装定做和自制服装而出现的一个概念。它得益于工业与科技的推动,从而使服装企业能够快速大批量地进行生产,以满足市场所需。

　　服装按照生产模式可分为成衣制作模式和定制模式两类。而定制模式又包含个性定制、个体定制和小批量定制等三种情况。其中,个性定制通常是针对单独个人进行体型、职业、款式、材料、色彩等方面的个性化研究和分析,然后采用量身制作方式生产服装;个体定制是指针对单独个人进行体型研究和分析,然后采用量身制作方式生产服装,一般用于特殊体型个体的服装定制;小批量定制是指针对某一群体首先进行体型分析,然后按照标准号型进行归号、生产的小批量制作模式,具有数量少、款式多、个性化等特点。

　　而成衣的工业化生产模式必须由服装企业的许多部门协作完成,这就要求成衣工业制版详细、准确、规范,尽可能配合默契,一气呵成。因此,成衣工业制版必须严格按照规格标准、工艺要求进行设计和制作,裁剪纸样上必须标有纸样绘制符号和纸样生产符号,有些还要在工艺单中详细说明,工艺纸样上有时标记胸袋和扣眼等位置。而且要求裁剪和缝制车间完全按纸样进行生产,从而保证生产制作出同一尺寸的成衣规格如一。由此可知,成衣工业样版是服装纸样设计和服装工艺的紧密结合。而现有服装类院校在进行服装工业样版课程的讲授过程中,大多偏重服装样版的推档技术,而忽视了服装工艺对工业样版的影响。另外,在已出版的相关服装工业样版书籍也存在此类问题。因此,本教材针对以上情况,力求做到"学以致用",通过四款经典服装款式的工业样版设计,深度解析服装纸样和服装工艺技术对成衣工业样版设计的影响,并通过课程设计来增加学生的实际应用能力,增强学生的成衣工业样版设计能力。

第一章　成衣工程制图及制版基础知识

成衣制图包括结构设计图、工业纸样图等,都属于工程制图范畴,为了便于技术信息的交流,对工程图样必须要有统一的规范,具体表现在对制图工具、制图格式两方面的严格要求。此外,为提高绘图质量和速度,本章还对成衣制图过程中的绘图技巧等作简要介绍;为全面、准确地了解制版知识,还阐述了成衣样版的种类、标识等内容。

第一节　成衣工程制图基础

一、常用工具

"工欲善其事,必先利其器"。正确选择和使用手工绘图工具是绘图质量的重要保障。常用的手工绘图工具分为通用工具和专用工具,通用工具是指在工程制图领域内通则使用的制图工具,如绘图铅笔,直尺、橡皮擦等。专用工具是指专门用于成衣制图领域内的绘图工具,如在成衣结构制图中,专门用于绘制袖窿等部位曲线的专业曲线尺。

(一) 通用工具

1. 绘图铅笔

绘图铅笔是成衣制图最主要的绘图工具。其笔芯有软硬之分,标号 HB 为中等硬度,标号 B~6B 的铅芯渐软,笔色粗黑。标号 H~6H 的铅芯渐硬,笔色细淡。在服装制图时常用的有 H、HB、B 三种标号的铅笔。可根据制图对线条的不同要求来选择使用,详见表 1-1-1。绘图铅笔的笔尖削法也因制图要求不同而分为鸭嘴形和锥形,如图 1-1-1 所示。

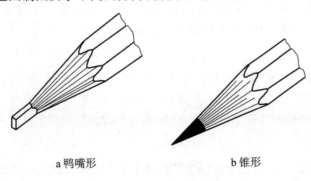

a 鸭嘴形　　　　　　b 锥形

图 1-1-1　绘图铅笔削法

1

表 1-1-1　常用绘图铅笔

标号	软硬程度	线条宽度	笔色	笔尖削法	服装制图应用
H	较硬	0.3mm	较细、淡	锥形	制图的基础线
HB	中等硬度	0.6mm	锥形	锥形	制图的基础线、轮廓线、文字符号标注
B	较软	0.9mm	较粗、黑	鸭嘴形	轮廓线

2. 尺

成衣制图所需的尺是绘制图样内各种线条的主要通用工具，一般根据其硬度的不同分为硬尺和软尺两类。硬尺主要包括直尺、三角尺和曲线尺等。

(1) 硬尺

① 直尺

直尺是用于成衣制图中绘制直线的绘图工具。如图 1-1-2a 所示，直尺的材料有钢、木、塑料、竹、有机玻璃等。材料不同，用途也不同。在布料上直接裁剪一般采用竹尺，而在纸上绘制成衣结构时一般采用有机玻璃尺。因其平直度好，刻度清晰，不遮挡制图线条。常用的规格有 20cm、30cm、60cm、100cm 等。

② 三角尺

如图 1-1-2b 所示，三角尺是成衣制图中常用的一种绘图工具，常与直尺搭配用于垂直线段的绘制，或 30°、45°、60°、15°、75°角的斜线绘制。其材料有木质、有机玻璃等。在成衣制图中一般采用有机玻璃三角尺，且多用带量角器的成套三角尺，规格有 20cm、30cm、35cm 等，可根据需要选择三角尺的尺寸规格。

③ 曲线尺

如图 1-1-2c 所示，曲线尺是用来绘制曲率半径不同的非圆曲线绘图通用工具。其材料主要为有机玻璃。常用的规格有 20cm、25cm、30cm 等。

(2) 软尺

如图 1-1-2d 所示，软尺俗称皮尺，是成衣制图主要的测量工具。多为塑料质地，软尺面涂有防缩树脂层，但长期使用会有不同程度的收缩现象。因此，软尺应该经常检查、更换。软尺的规格多为 150cm，常用于测量人体或结构图中曲线的长度等。

(3) 比例尺

比例尺是用来按一定比例缩小或放大绘制结构图的尺子，方便尺寸的计算。它属于成衣制图的绘图辅助参照工具。常用的三棱比例尺(图 1-1-2e)有三个侧面，分别刻有六行不同比例的刻度。常用规格有 1∶400、1∶500、1∶600 比例尺。

3. 擦图片

擦图片，又称擦线板，是为擦去铅笔制图过程中不需要的或错误的图线，并保护邻近图线完整的一种制图辅助工具，大小如同名片，厚度约 0.3mm 左右。擦图片多采用塑料或不锈钢制成，由不锈钢制成的擦图片因柔软性好，使用相对比较方便，如图 1-1-2f 所示。

4. 排刷

如图 1-1-2g 所示，排刷属于通用型打扫工具，其在成衣制图中主要用来清扫擦拭绘图笔迹时所产生的橡皮渣等杂物，以确保制图平面的整洁。常见规格有 1、1.5、2、3、3.5、4 等不同尺寸。

5. 橡皮擦

橡皮擦属于成衣制图中的通用修改工具，用来擦除图线或字迹。在成衣制图中一般选用绘图橡皮擦，如图 1-1-2h 所示。

6. 量角器

如图 1-1-2 中 i 所示，量角器是测量角度的通用绘图工具，属于成衣制图的量角辅助类工具。材料有塑料、有机玻璃等，规格为 10～20cm。一般成套的三角尺中多带有量角器。

7. 圆规

如图 1-1-2 中 j 所示，圆规在成衣制图中主要用于绘制曲率半径不同的圆、圆弧线及确定定长线的交点，是成衣制图常用的绘图通用工具，一般采用不锈钢制成。

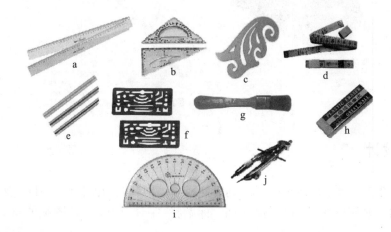

图 1-1-2　通用工具

（二）专用工具

成衣制图常用的专用工具主要是用于绘制成衣各部位曲线的专用曲线尺，如大刀尺、小 6 尺、袖窿曲线尺和袖弯尺等。

1. 大刀尺

如图 1-1-3a 所示，大刀尺多为有机玻璃质地，是用于绘制成衣结构制图中的长弧线的专用工具，如两片袖的前缝和后缝等。

2. 小 6 尺

如图 1-1-3b 所示，小 6 尺多为有机玻璃质地或铝合金材质，专用于绘制成衣袖窿、袖山、领口等曲线工具。

3. 袖窿曲线尺

如图 1-1-3c 所示，袖窿曲线尺因形如桃，又称为桃形尺，多为有机玻璃质地。主要用于绘制成衣袖窿部位的曲线。

4. 袖弯尺

如图 1-1-3d 所示,袖弯尺主要用于绘制裙、袖、裤的外弯曲线等。规格一般为 55cm,多为有机玻璃质地。

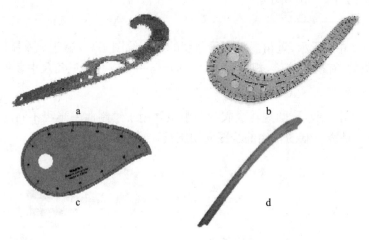

图 1-1-3 专用工具

二、图面设计

为了适应生产需要、便于技术交流,同时使成衣结构制图画面整洁、一目了然,人们通过长期实践总结出一套制图规范,对图幅、图框、标题栏、字体、图线以及图纸的布局等内容加以规范。

(一) 框架设计

1. 图幅

绘制成衣结构图样时要求在一定大小的图纸上作图,根据国标(GB/T14689-2008)规定,应优先采用表 1-1-2 中所规定的基本幅面,图幅代号为 A_0、A_1、A_2、A_3、A_4 共 5 种,其相关尺寸见图 1-1-4。服装制图用纸多为 A_0。

表 1-1-2 图纸基本幅面尺寸 单位:mm

幅画代号	B×L	a	c	e
A_0	841×1189	25	10	20
A_1	594×841			
A_2	420×594			
A_3	297×420	5	10	
A_4	210×297			

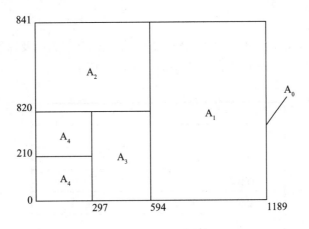

图 1-1-4　图纸基本幅面

2. 图框

图纸上限定绘图区域的线框为图框,图框需用粗实线绘制。图框形式包括竖式和横式两种,如图 1-1-5 所示;格式分为留有装订边和不留装订边两种,其中图 1-1-5a 为留有装订边,图 1-1-5b 为不留装订边。两种格式图框周边尺寸 a、c、e。应注意,同一款式的成衣样版图只能采用一种格式。

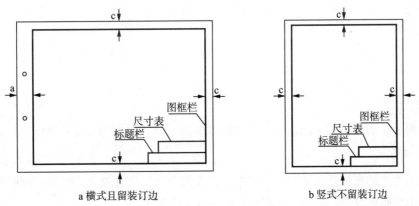

图 1-1-5　横式和竖式

3. 标题栏

根据国家标准 GB/T10609.1-2008 规定,每张图样上都必须画出标题栏,标题栏的位置应位于图纸的右下角,如图 1-1-5 所示。标题栏中的文字方向为看图方向。标题栏的格式没有统一的规定,一般成衣制图中的标题栏内应注有图名、比例、制图人、核图人、图号、图序等内容,如图 1-1-6 所示。

图名			
制图人		班级	
审核人		比例	
制图单位		图号及图序	

图 1-1-6　标题栏

4. 尺寸表

在标题栏上方设有尺寸表,在尺寸表内设定成衣款式的部位名称及部位尺寸。注意尺寸表走向为由下向上,以便于增加新的部位尺寸,如图 1-1-7 所示。

部位4	
部位3	
部位2	
部位1	
尺寸表	

图 1-1-7 尺寸表

(二) 构图设计

成衣构图主要由款式图、部位缝型、纸样等组成。每部分在图面框架中的位置都有一定的要求,具体如下。

1. 款式图

款式图一般位于图面框架的右上方,并按照成衣款式图的绘制要求完成服装前面和后面的款式设计。

2. 缝型

成衣主要部位的缝型位于图面框架右侧的款式图下方、标题栏上方的区域。

3. 纸样布局

纸样在图面中的布局是指样片在结构图上的摆放及相互位置关系,布局的合理与否,直接影响所制结构图的画面效果。纸样布局应符合以下几方面要求:

① 结构图的取向

在长方形图纸中,一般衣长、袖长、裙长等部位的取向应与图纸的长度或宽度方向一致,如图 1-1-8 衣长与图纸长度方向一致,袖长与图纸宽度方向一致;图 1-1-9 裤长与图纸长度方向一致等。

② 结构图的位置

上装前后衣身的前、后腰节应处于同一直线上,并且前、后片的侧摆缝相邻,衣袖的摆放可以与衣身同方向或方向相垂直,如图 1-1-8 所示。

前、后裤片上平线应处于同一直线上,且前、后片内裆缝相对,如图 1-1-9 所示。

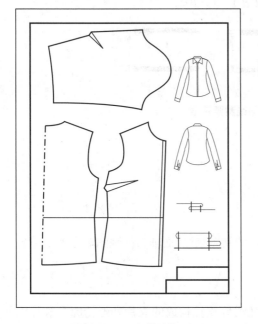

图 1-1-8　上装结构图　　　　　　　图 1-1-9　下装结构图

(三) 图线

1. 图线规格

成衣结构图是由不同形式、不同粗细的线条构成的。每种图线有不同的用途。表 1-3 中列出了几种常用图线的形式、宽度及其应用。表 1-1-3 中所列粗实线的宽度 b 应根据图的大小和复杂程度,在 0.5~2mm 之间选择,细线的宽度约为 b/3。

表 1-1-3　图线要求

序号	图线名称	线型	宽度	深浅度
1	样版轮廓线	————————	2b	2B
2	结构线	————————	4b/3	HB
3	虚线	-------------------------	4b/3	HB
4	文字	文字	4b/3	HB
5	辅助线	————————	b/3	H

2. 图线基准

因成衣工程图内的线条都是有一定宽度的,为了确保制图尺寸的准确性,所以要规定图线测量基准。基准设定的方法有三种,分别为内侧线法、外侧线法、内外侧线法等,其中内侧线法是以线段内侧边缘为基准,测量两线段之间的距离,如图 1-1-10a;外侧线法是以线段外侧边缘为基准,测量两线段之间的距离,如图 1-1-10b;内外侧线法是分别以一条线段内侧边缘,另一条线段的外侧边缘为基准,测量两线段之间的距离,如图 1 - 1 - 10c。

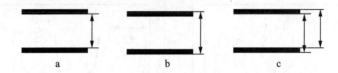

图 1 - 1 - 10　图线测量基准

三、工程制图技巧

(一) 制图顺序

成衣结构制图顺序包括图线的绘制顺序、衣片的制图顺序、面辅料的制图顺序及上下装的制图顺序等。

1. 图线的绘制顺序

成衣结构制图图线是由直线和直线、直线和弧线等连接构成的衣片外形轮廓及衣片中的分割缝的线条。在制图中一般先定长度后定围度,即先确定衣长线、袖长线、裤长线、开领深和袖窿深等,再确定胸围宽、肩宽、开领宽、腰围宽、臀围宽等。

2. 衣片的制图顺序

制图中各衣片的绘制顺序一般是依次画后片→前片→大袖→小袖,再按主、次、大、小的顺序绘制各零部件。

3. 面辅料的制图顺序

对需要衬、里的成衣,在制图中应先绘制面料版型,后绘制里料版型,再绘制衬料版型。

4. 上下装的制图顺序

按先上装后下装的顺序进行制图。

对于各零部件的制图,其先后次序并不十分严格。对于某些过于细小的部件,如滚条料、止口嵌线料等,一般可不画图,只在成衣结构图中注明即可。

(二) 制图符号

制图符号是指具有特定含义的记号,是学习成衣制图者必须掌握的基本知识,其具体名称及含义见表 1 - 1 - 4。

表 1 - 1 - 4　成衣制图常用符号

序号	符号名称	符号形式	符号含义
1	等分		平均等分某线段
2	等量	△　○　□	用相同符号表示等长的两线段
3	省缝		须缝去的部位
4	裥位		按一定方向有规则地折叠、褶裥

续表

序号	符号名称	符号形式	符号含义
5	细褶	〰〰〰	用非热处理方法收缩抽褶
6	直角	∟ ∟ ⊥	两线相交交角为90°
7	重叠		两裁片相交叠
8	连接		两裁片对应相连

(三) 图线连接方法

成衣结构制图是服装结构的平面图,它是通过图形的轮廓线表现的。图形的轮廓线有多种曲线连接,这种不规则的曲线不能一笔来完成,要依靠分段曲线的光滑连接才能形成。

1. 直线与弧线的连接方法

(1) 直线与正圆弧线的连接

连接方法如图1-1-11所示。设直线 AB 需与正弧线$\overset{\frown}{AB'}$连接,以 A 为连接点。在直线 AB 的 A 点上作垂直于 AB 的直线,在直线上取线段 AO 为正弧线$\overset{\frown}{AB'}$的半径 R,以 O 点为圆心划$\overset{\frown}{AB'}$,并且经过 A 点与 AB 直线光滑连接,这种方法常用于上衣中胸宽线与袖窿弧线的连接,后领深线与后领圈弧线的连接等,如图1-1-12所示。

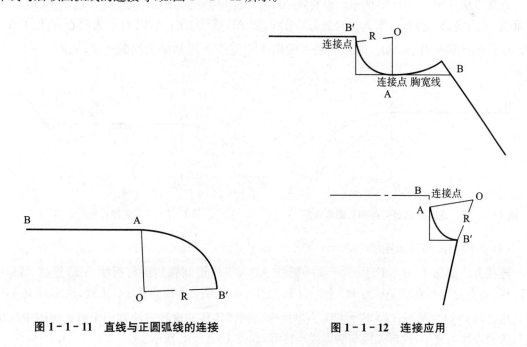

图1-1-11 直线与正圆弧线的连接　　　　图1-1-12 连接应用

（2）直线与一般弧线的连接

连接方法如图1-1-13所示。设直线AB需与一般弧线$\overset{\frown}{AB'}$相连接。以A点为切点作$\overset{\frown}{AB'}$的切线，使$\overset{\frown}{AB'}$的切线与直线AB重合。这种方法常用于裤装中前、后裆弧线与前、后中缝线连接，衣长线与底边弧线的连接等，如图1-1-14所示。

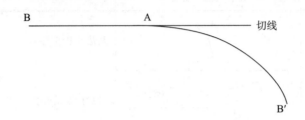

图1-1-13　直线与一般弧线的连接

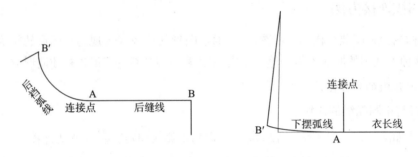

图1-1-14　连接应用

（3）直线与通过某点的正圆弧连接

连接方法如图1-1-15所示。设直线AB需与过Q点的正圆弧$\overset{\frown}{AQ}$连接。过A点作线AB的垂线，再连接A、Q两点，作AQ的垂直平分线，交AB垂线于O点，以O点为圆心，再以OA＝OQ为半径，用圆规作弧$\overset{\frown}{AQ}$。这种方法一般用于背宽线与后袖窿弧线的连接，如图1-1-16所示。

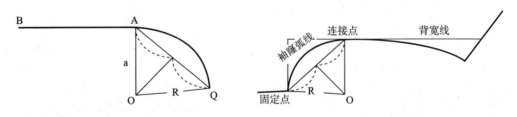

图1-1-15　直线与通过某点的正圆弧连接　　　　**图1-1-16　连接应用**

（4）折线与正圆弧的连接

连接方法如图1-1-17所示。设一折线ABC，需作正圆弧$\overset{\frown}{B_1B_2}$与折线ABC连接，$BB_1＝BB_2$，B_1、B_2点分别在直线AB与BC上。过B_1点作AB垂线，过B_2点作BC垂线，两垂线交于O点。最后以O点为圆心，以$OB_1＝OB_2$为半径作正圆弧$\overset{\frown}{B_1B_2}$。这种方法常用于成衣制图中圆角线与邻旁直线的连接，袖窿弧线与胸宽线连接等，如图1-1-18所示。

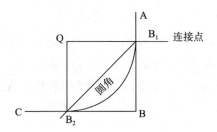

图 1 - 1 - 17 折线与正圆弧的连接

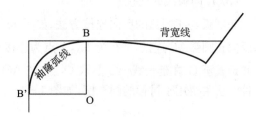

图 1 - 1 - 18 连接应用

2. 弧线与弧线的连接方法

弧线连接有同向弧线与反向弧线连接之分。同向弧线是指有相同弯曲方向的两条弧线;反向弧线指弯曲方向相反的两条弧线。同向弧线或反向弧线的连接又分别有正圆弧与正圆弧的连接及一般弧线与一般弧线的连接两种,下面分别介绍。

(1) 同向弧线的连接

正圆弧与正圆弧的同向连接方法,如图 1 - 1 - 19 所示。设半径为 R_1 的正圆弧 $\overparen{AB}$ 需与 B' 点的正圆弧 $\overparen{AB'}$ 连接,$\overparen{AB'}$ 弧的半径为 R_2,A 为连接点。过 A 点作 $\overparen{AB}$ 的直径线,在该直径线上取 O 点,使 $OA=R_2$,然后以 O 点为圆心,以 R_2 为半径作弧 $\overparen{AB'}$。这种方法主要用于前、后领圈弧线的同向连接方法,如图 1 - 1 - 20 所示。

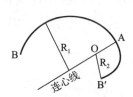

图 1 - 1 - 19 正圆弧与正圆弧的连接

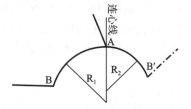

图 1 - 1 - 20 连接应用

一般弧线与一般弧线的同向连接方法,如图 1 - 1 - 21 所示。设弧线 $\overparen{AB}$ 需与过 B' 点的同向弧线连接。过 A 点作 $\overparen{AB}$ 的切线,过 A 点作 $\overparen{AB'}$,圆顺连接 $\overparen{AB'}$ 使 $\overparen{AB}$ 的切线与 $\overparen{AB'}$ 的切线重合。这种方法常用于直线以外所有弧线的连接。如袖山弧线、袖底弧线等,如图 1 - 1 - 22 所示。

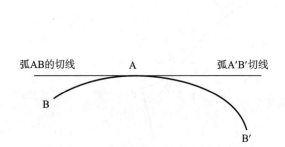

图 1 - 1 - 21 一般弧线与一般弧线的同向连接

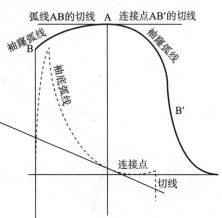

图 1 - 1 - 22 连接应用

（2）反向弧线的连接

正圆弧与正圆弧的反向连接方法,如图 1-1-23 所示。设半径为 R_1 的圆弧线AB需过 B'点作反向正圆弧AB'连接,半径为 R_2,A 点为连接点。圆弧线 AB的圆心点为 O 点,连接 O、A 作直线并延长至C,在延长线 AC 上取 O'点,使 $AO'=R_2$,再以 O'点为圆心,R_2 为半径作圆弧AB'。这种方法主要用于衬衫的圆下摆,如图 1-1-24 所示。

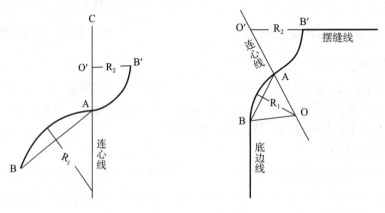

图 1-1-23　正圆弧与正圆弧反向弧线连接　　　图 1-1-24　连接应用

一般弧线与一般弧线的反向连接方法,如图 1-1-25 所示。设弧线AB需与过 B'点作反向一般弧线连接。过 A 点作AB的切线,作AB'圆顺连接 A 于 B',使 AB得切线与AB'的切线重合。这种方法主要用于一片袖的袖山弧线,如图 1-1-26 所示。

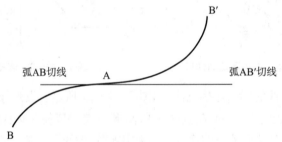

图 1-1-25　一般弧线与一般弧线的反向连接

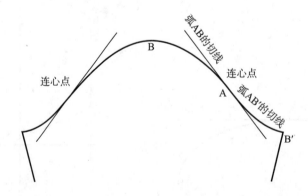

图 1-1-26　连接应用

第二节　成衣制版基础

一、样版种类和用途

成衣样版包括工业样版和个体样版,工业样版是指服装企业为实现大批量成衣生产而设计的具有统一技术规格要求的成衣样版;个体样版是指为满足个人定制而设计的成衣样版。其中工业样版又分为裁剪样版和工艺样版两大类。

(一) 裁剪样版

裁剪样版主要用于大批量裁剪的排料、划样等工序的样版。裁剪样版又可分为面料样版、里料样版和衬料样版等,分别作为裁剪不同材料的样版。裁剪样版必须是毛样版(包括缝份、折边等)。

(二) 工艺样版

工艺样版主要用于缝制过程中对衣片或半成品进行修正、定位、定形、定量等的样版。按不同用途又可分为:

1. 修正样版

主要是为了保证衣片在缝制前与裁剪样版保持一致,以避免裁剪过程中衣片的变形而采用的一种用于补正措施的样版。主要用于需要对格对条的中高档产品,有时也用于某些局部修正部位,如领圈、袖窿等。修正样版可以是毛样版也可以是净样版。一般情况下以毛样版居多。

2. 定型样版

主要是为了保证某些关键部件的外形、规格符合标准而采用的用于定型的样版。主要用于衣领、衣袋等零部件。定型样版按不同的需要又可以分为画线定型版、缉线定型版和扣边定型版。

(1) 画线定型版

按定型版勾画净线,可作为缉线的线路,保证部件的形状。如衣领在缉领外围线前,先用定型版勾画净线,就能使衣领的造型与样版基本保持一致。

(2) 缉线定型版

按定型版缉线,使画线与缉线重合,既省略了画线,又使缉线的样版符合率大大提高,如下摆的圆角部位、袋盖部件等。但要注意,缉线定型版应采用砂布等材料制作。

(3) 扣边定型版

用于按定型版扣边,多见于单缉明线不缉暗线的零部件,如贴袋、弧形育克等。将扣边定型版放在贴袋的反面中间,留出缝头、然后用熨斗将这些缝头向定型版放向扣倒并烫平,保证产品的规格一致,扣边定型版应采用坚韧耐用且不易变形的薄铁片或薄铜片制片。定型样版以净样具多。

3. 定位样版

为了保证某些重要位置的对称性、一致性而采取的用于定位的样版。主要用于不宜钻孔定位的衣料或某些高档产品。定位样版一般取自于裁剪样版上的某一局部。对于衣片或半成品的定位往往采用毛样样版，如袋位的定位等。对于成品中的定位则往往采用净样样版，如扣眼位等。

二、样版缩率计算和加放方法

1. 缩率计算

在成衣生产过程中，由于服装的面料、里料、衬料和其他辅配料之间，以及不同服装面料之间在材料性能上有很大的不同，导致其缩率的差异很大，对成品规格将产生重大影响。因此，在制作样版时必须考虑缩率问题，通常缩率包括缩水率和热缩率。

缩水率计算方法：

$$S = \frac{(L1 - L2)}{L1} \times 100\%$$

其中：S——经向或纬向尺寸的缩水率；L1——浸水前经向或纬向的长度；L2——浸水后经向或纬向的长度。若S>0，表示织物收缩，若S<0，表示织物伸长。

热缩率计算方法：

$$R = \frac{(L_{热}1 - L_{热}2)}{L_{热}1} \times 100\%$$

其中：R——经向或纬向尺寸的热缩率；$L_{热}1$——织物熨烫前经向或纬向的长度；$L_{热}2$——织物熨烫后经向或纬向的长度。若R>0，表示织物收缩，若R<0，表示织物伸长。

> **贴士**：面料在水洗、熨烫过程中会产生收缩或拉伸现象，其收缩或拉伸的程度称为缩率。

2. 加放方法

具体操作时，应在服装正式投产前，先测试一下原料的缩率，然后根据测试的结果，按比例相应地加放样版。

例如1：用啥味呢面料缝制裤子，裤子的成品规格裤长尺寸是100cm，经向的缩水率是3%，则制作的样版裤长L：

$$L = 100/(1-3\%) = 100/0.97 = 103.1(cm)$$

例如2：用精纺呢绒面料缝制西服上衣，成品规格的衣长尺寸是74cm，经向的热缩率是2%，则制作的样版衣长L：

$$L = 74/(1-2\%) = 74/0.98 = 75.5(cm)$$

但是，该样版尺寸并不能简单的按照上式方法来计算，还需要考虑到该面料制作的西服上衣一般都要黏合衬，这时，不仅要考虑面料的热缩率，还要考虑面料衬的热缩率。正确的方法是在保证它们能有很好的服用性能的基础上，黏合在一起后，计算它们共有的热缩率，然后按照热缩率公式确定适当的样版衣长尺寸。

三、样版标识及说明

成衣工业样版不仅说明成衣各尺码的裁片形状,还应说明样版工艺加工的技术要求。如通过剪口或钻孔标识出缝合位置以保证衣片的缝制质量;利用容缝来指示里料裁片相对面料裁片的余量及其位置;使用文字及数字来标明样版的名称、种类等。

1. 缝合对位标识

在样版的缝份和折边的两端或一端作剪口标记,以标识出其宽度大小。

（1）缝份

在样版的主要结构缝的两端或一端,对准净缝线,用刀眼和钻眼标位,表示净线以外缝份的宽度。如图1-2-1前裤片腰围缝份的定位标识。

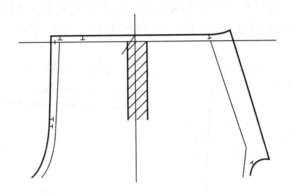

图1-2-1　前裤片腰围缝份的定位标识

（2）折边

所有的折边部位,包括门襟连挂面,都要定位以示折边宽度。定位方法同缝份。如图1-2-2为衬衫前片折边定位标识。

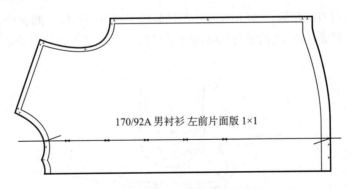

170/92A 男衬衫 左前片面版 1×1

图1-2-2　前衣片折边定位标识

2. 缝制质量控制标识

（1）对刀

服装结构中的主要缝份,尤其是较长的缝份,在两片合缝时,除了要求两端对齐外,往往要求在中间某些部位,按定位标记对准缉线。这种两侧片的对位标记称为对刀定位标记。图1-2-3

为衣缝对刀定位标识。

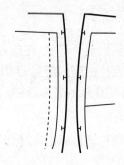

图 1-2-3　衣缝对刀定位标识

（2）零部件的装配位置

袋位：一般暗袋只对袋口及宽窄标位；板条式暗袋，只需对板条下边标位；明贴袋除了袋口及宽窄外，还应对其袋边标位；借缝袋只对袋口长度两端标位。图 1-2-4 为衣袋定位标识。

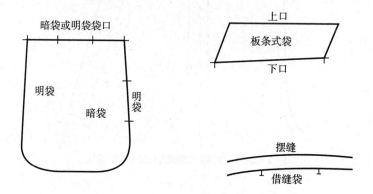

图 1-2-4　衣袋定位标识

（3）装绱位

装绱位对位与对刀位相似，主要用在较小部件装绱于衣身的对位。如衣袖装绱于衣身时，要进行袖山顶与衣身肩缝对位，底袖缝与袖窿前腋下对位定位。图 1-2-5 为衣身与衣袖装绱位定位标识。

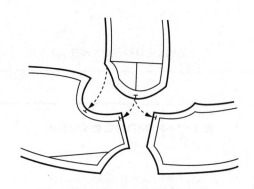

图 1-2-5　衣身与衣袖装绱位定位标识

（4）收省位置

所有收省的部位都需做标记，标识出省道的起止长度、形状及宽度。丁字省标识两端，其中起始端在缝份处用刀眼标识，在衣片内用钻眼标识，终止端在衣片内用钻眼标识。菱形省标识两端和中间宽度，在衣片内用钻眼标识其起止长度和收省大小，如图1-2-6所示。

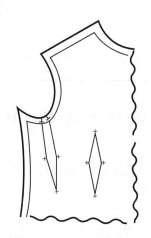

图1-2-6 省道的定位标识

（5）褶裥、抽褶

一般活褶只标上端宽度，若成形为死褶（如裤前片腹侧压烫死褶）应标识终止位置。贯通衣片的长褶、硬裥，如裙子的对褶裥、上衣的背裥，宽、窄塔克等都应两端标位。局部抽碎褶应标识抽褶起止点。图1-2-7为前裤片平行褶和压烫褶。

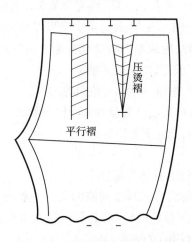

图1-2-7 前裤片平行褶和压烫褶

（6）开口、开衩

主要对开口、开衩的长度起止点标位，如图1-2-8为裙片开衩的定位标识。

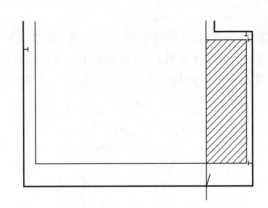

图 1-2-8　裙片开衩的定位标识

3. 特殊工艺说明

在服装工业样版上通过容缝说明一些里料样版相对面料样版的余量和位置。容缝量一般为 0.2~0.3cm,一般在里料样版的侧缝处。

4. 文字标记

样版上除了定位标记外,还需要标明产品号型、规格、样版种类、位置、布纹方向等内容。文字标记的形式主要有文字、数字符号等。

(1) 文字标注内容

1) 布纹方向:在标注时应画在样版相对居中的位置。如果为双向标识,表示布料不分倒顺都可以使用;如果为单向标识,表示布料要倒裁或顺裁。

2) 产品的名称和编号,可以用阿拉伯数字、中文及英文来表示。

3) 产品的号型规格,如 160/84A,S、M、L 等英文字母以及客户提供的一些特殊表示方法。

4) 样版的名称,如袖片、前片、后片等内容必须标明。有些产品左右衣片不对称,或衣片有横向分割,则应标明左、右、上、下或正、反面的区别。

5) 样版的种类,即标明面版、里版、衬版、定位版等内容。

6) 样版的数量,即所需裁剪样版设计数量和裁剪样版数量。

7) 不对称裁片,要标明左、右、上、下等内容。

(2) 文字标注要求

文字标记是样版所必须具备的,具体要求如下:

1) 字体规范清晰。代表产品编号或号型规格的文字一般用字母或阿拉伯数字。为了便于区别,不同类别的样版可以用不同颜色的笔加以区分,如面版用黑色,里版用绿色,衬版用红色等。还可用橡皮图章标明一些常用的文字等。

2) 标注符号或盖图章要准确无误,整洁,勿涂改。

3) 文字标注的方向要一致。

四、样版复核

服装样版制作完成后,需要专人检查与复核,目的是防止样版出现差错,造成经济损失。

1. 复核的内容和要求

1）检查核对样版的款式、型号、规格、数量和来样图稿、实物、工艺单是否相符。

2）样版的缩率、缝份及折边是否符合工艺要求。

3）各部位的结构组合是否恰当（如领与领圈、袖山弧线与袖窿弧线、摆缝、肩缝等）。

4）样版标识是否准确，有无遗漏。

5）样版的弧形部位是否圆顺，剪口是否顺直，丝缕是否准确。

6）样版的整体结构、各部位比例是否符合款式要求。

7）检查时，如发现严重技术性错误和差错，应立即改正并重新检查复核后方可使用。

8）样版检查核对准确后，应在样版四周边框上加盖长形样边章。

2. 复核的方法

1）目测

样版的轮廓是否光滑、顺直，弧线是否圆顺，领口、袖窿、裤窿门等部位的形状是否准确。

2）测量

用软尺及直尺测量样版的规格，各部位数据是否准确，尤其要注意领圈与领片，袖窿与袖山弧线等主要部位的装配线。

3）用样版相互核对

将前后裤片窿门合在一起观察窿门弧线、下裆弧线，将前后侧缝合在一起观察其长度。将前后肩缝合在一起观察前后领圈弧线、肩缝等。

五、样版优化

1. 缝量标定优化

缝量标定是在样版对应边缘用打剪口形式标识出缝份量的大小，以便于后续缝纫环节的精准缝制。一般缝量的标识是对样版的两侧边缘打剪口来确定。但由于成衣的各裁片的缝制顺序，使得一些缝量剪口标识作用消失，故要对缝量标识进行优化设计。如衣摆处折边量的标识，若缝制顺序为先对衣片的侧缝处缝合，再进行衣摆缝合，则在衣片侧缝处用来标识折边量大小的剪口可以取消，因为两衣片侧缝处的缝合已使此处剪口失去标识作用，见图1-2-9。

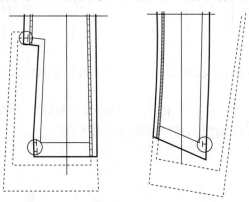

图1-2-9 前中片和前侧片的缝合

2. 缝头优化

(1) 对位角优化设计

对位角优化一般是针对两裁片对应缝合部位的缝份优化。由两样片的缝份交差角度是否相等来决定,若两裁片的交差角度近似相等,则不需要缝份的对位角优化,如图 1-2-10 所示,可将两裁片直接缝合,缝合效果如图 1-2-11 所示。

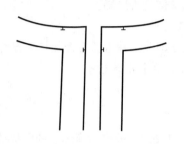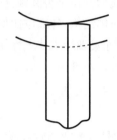

图 1-2-10　两裁片交差角度相等　　　　图 1-2-11　两裁片直接缝合

但在成衣中较常见到两样片的交差角度不相等情况,如袖子的大小袖片、衣片的前后侧缝、裤片的前后裆底等。此时由于两裁片的交差角度不同,造成两裁片的缝头长短不等情况,使得对应缝合处在缝制时容易发生错位现象,使缝纫精确度下降。这时就需要对样片的缝份进行对位角优化。

对位角优化方法为延长需要缝合的缝份线,该线与样版轮廓线相交,过交点作缝份线延长线的垂直线,即可将两裁片的缝头切成直角,这样两样片对应缝合处的长度相等,从而确保缝纫质量。此类缝头优化在服装 CAD 系统中可以通过切直角工具来实现。如图 1-2-12 和图 1-2-13 所示为大小袖片的对位角处理。分别对大小袖片的对应缝合处的缝份进行对位角处理后,使得两裁片的缝份长度近似相等,保证袖子的缝纫精度。

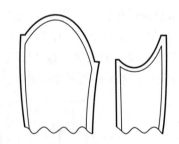

图 1-2-12　大小袖片优化前缝份　　　　图 1-2-13　大小袖片优化后缝份

图 1-2-13 和图 1-2-14 为裤片前后裆底部的缝份对位角优化。在优化过程中两缝份分别进行两次切直角操作,从而确保前后裤片的缝头长度相等。

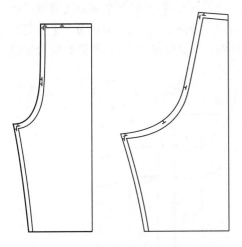

图 1 - 2 - 14 前后裤片裆底部优化前缝份

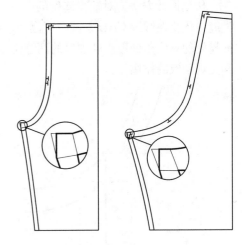

图 1 - 2 - 15 前后裤片裆底部优化后缝份

图 1 - 2 - 16 为有里子外套衣片在袖窿处的对位角优化。

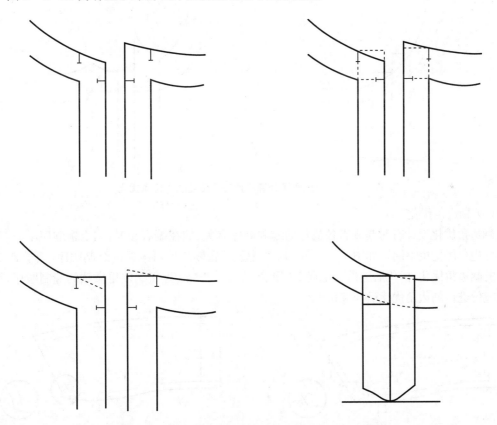

图 1 - 2 - 16 有里子外套衣片在袖窿处的对位角优化

无里子外套衣片在领口及袖窿处如果仍然按照上述方法进行缝份优化,分缝后就会发现一边缺少一部分缝份,一边多出部分缝份,如图 1 - 2 - 16 所示,与其他部件组装后出现缝合牢度不够、缝合部位不够美观等现象,这就需要对缝份进行优化设计。

优化设计方法为对缺少缝份的一边取两个缝份宽,缝合后再分缝,并将多余部分清剪掉。此类缝份优化在服装 CAD 系统中可以通过反映角工具来实现。如图 1-2-17 所示为无里外套在袖窿处的对位角处理。处理后的两缝份分缝后,均在袖窿处与袖窿缝份重合,达到提高缝合牢度和美观精致的作用。

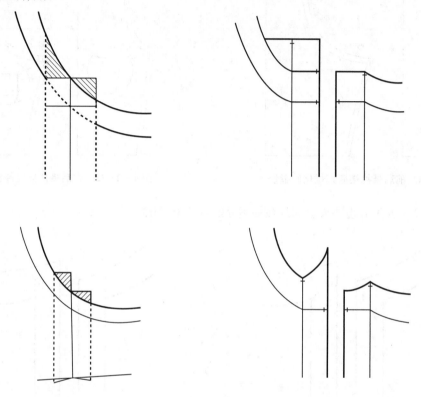

图 1-2-17　无里子外套衣片在袖窿处的对位角优化

（2）翻边角优化

翻边角优化设计有时与成衣各裁片的缝制顺序有关,如在绱衣领时,因上领顺序不同,其缝份的翻边角优化也不同。如图 1-2-18 所示,为先缝合领片后再绱领的缝制顺序,领子 A 点处缝份的翻边角优化,优化后缝份与毛缝 L1 重合;图 1-2-19 为先绱领再做领的缝制顺序,领子 A 点缝份进行翻边角优化后与缝份 L2 重合。

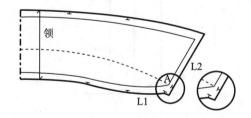

图 1-2-18　先缝合领片再绱领的缝制顺序

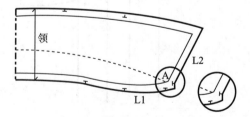

图 1-2-19　先绱领再做领的缝制顺序

六、样版设计及制作基本流程

服装样版设计及制作的基本流程如图1-2-20所示。

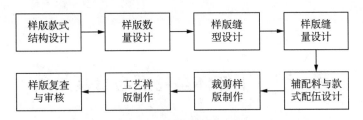

图1-2-20　成衣样版设计及制作基本流程

成衣系列样版设计流程如图1-2-21所示。

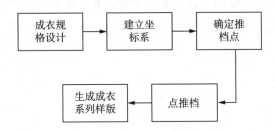

图1-2-21　成衣系列样版设计流程

第二章 下装成衣工艺及样版

第一节 下体体型特点与着装关系

成衣为人体所穿用,它与人体有着十分密切的关系,主要表现在成衣与人体形态的关系上。人下体各部位的长度、围度是确定下装规格大小的基础;人下体体表的高低起伏程度是确定收省、打褶大小的基础;下体各部位的运动幅度是确定下装最低放松量的基础等。因此,下装成衣样版的设计首先要了解人下体构造的特点。

一、女体下体特征

1. 女体特点

对于比例为七头身高的女体,上身和下身的比例是3:4,下身一般以膝盖部位为中心线,上下长度相等。在人体正面投影中,女下体以臀围和膝盖处为分界,整体由一个梯形和两个倒梯形组成,见图2-1-1;在侧面投影中,女下体都处于腹凸最显著点竖直垂线和臀凸最显著点竖直垂线之间,臀围至膝盖部位弧线呈现内收状态,膝盖至踝关节部位弧线呈现先扩展后内收状态,见图2-1-2。

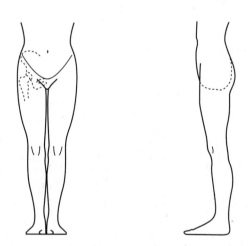

图2-1-1 女下体正面　　　图2-1-2 女下体侧面

2. 女体局部特征

(1) 腰部特征:在人体正面投影中,腰部位左右两侧对称,腰围线是一条水平线,见图2-1-

3；侧投影中，腰前中心和腰后中心的连线构成腰围线，并且腰围线不是一条水平线，前腰高于后腰，见图2-1-4。

图2-1-3　女下体腰部正面图　　　**图2-1-4　女下体腰部侧面图**

（2）腰围至臀围部位：在人体正面投影中，腰围至臀围的侧体弧线左右对称，腰围线侧点至臀围线侧点的弧线弧度随着靠近臀围线而降低，见图2-1-5；侧面投影中，腹凸高点高于臀凸最大点，前侧腹凸曲线比后侧臀凸曲线略短，常体中腹凸量小于臀凸量，见图2-1-6。

图2-1-5　腰围至臀围正面图　　　**图2-1-6　腰围至臀围侧面图**

（3）臀围线以下部位：在人体正面投影中，臀围线以下的侧体弧线左右对称，并且整体呈现内收的状态，越往下，内收的状态越明显，见图2-1-7；侧面投影中，臀围线至大腿根部呈现相对明显的内收弧形，见图2-1-8。

图2-1-7　臀围线以下正面图　　　**图2-1-8　臀围线以下侧面图**

（4）下肢：在人体正面投影中，下肢的侧体弧线左右对称，在膝盖部位以上呈现内收，膝盖部位以下先外扩，再内收，见图2-1-9；侧面投影中，大腿中段和小腿肚的弧线曲度相对较明显，见图2-1-10。

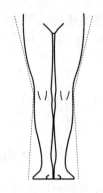

图 2-1-9 下肢正面图   图 2-1-10 下肢侧面图

3.女体部位尺寸测量

与下装相关的女体主要部位尺寸及其测量方法如下：

（1）腰围

定义：人体胯骨上端与肋骨下缘之间自然腰际线的水平围长。

测量操作：被测者直立，正常呼吸，腹部放松，测量者站在被测者的侧边，视线与腰部基本平齐。用软尺环绕被测者的胯骨上端与肋骨下缘之间自然腰际线的水平围长，稍微调整软尺，确保软尺前后在同一水平线上，然后读取尺寸数值，如图 2-1-11。

（2）臀围

定义：在人体臀部后面最突出部位处的水平围长。

测量操作：被测者直立，测量者站在被测者的侧边，视线与臀部基本平齐。用软尺环绕被测者的臀围最突出部位处的水平围长，稍微调整软尺，确保软尺前后在同一水平线上，然后读数，见图 2-1-12。

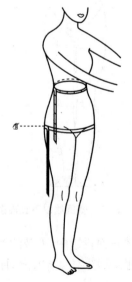

图 2-1-11 腰围测量操作   图 2-1-12 臀围测量操作

（3）腰围高

定义：从人体腰际线至地面的垂直距离。

测量的操作:被测者直立,测量者站在被测者的侧边,用人体测高仪测量侧体腰围线至地面的垂直距离,见图2-1-13。

(4) 坐姿腰至臀高

定义:从人体腰围线到椅面的垂直距离。

测量的操作:被测者坐在椅子上,由测量者从被测者测量腰围线至椅面间的垂直距离,如图2-1-14。

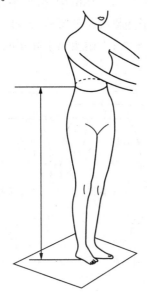

图2-1-13 下肢长测量操作

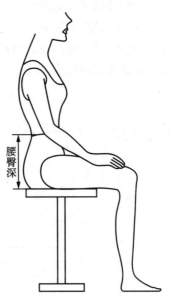

图2-1-14 腰臀深测量操作

二、下装成衣与体型关系

(一) 西短裙与体型关系

人体着装后西短裙与下体间关系见图2-1-15、图2-1-16。

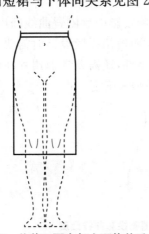

图2-1-15 着装正面衣与女下体关系

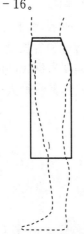

图2-1-16 着装侧面衣与女下体关系

27

如图2-1-15、图2-1-16所示,在人体的腰至臀部分,西短裙与人体贴合性好,为方便穿着,需在裙腰处增加腰头开口和拉链等;西短裙从臀至裙摆部分呈直线形,裙长至人体膝盖下,为保证人体正常运动,应在裙后片处进行开衩处理。

1. 腰部

在西短裙样版设计时,需要根据腰部造型位置,确定裙腰弧度的设计量和形。裙腰与人体腰部有多重位置搭配,超低腰,见图2-1-18a;低腰,见图2-1-18b;中腰,见图2-1-18c;高腰,见图2-1-18d;超高腰,见图2-1-18e。当裙腰属于低腰或超低腰时,设计的裙腰线需要适当增加弧度;当裙腰是中腰时,设计的裙腰线可以是水平线;当裙腰属于高腰或超高腰时,设计的裙腰线也需要适当增加弧度,见图2-1-17f。

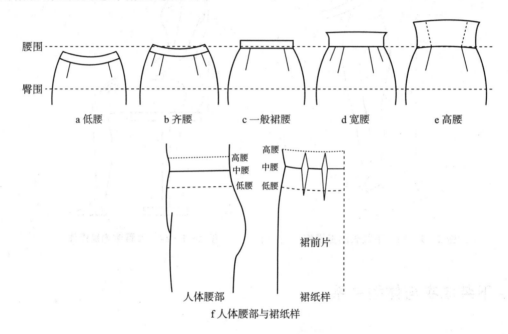

图 2-1-17　裙装不同腰部造型

2. 腰围至臀围部位

如图2-1-18所示,女下体腰围至臀围部位侧投影中后侧臀曲线凸度,西短裙样版设计时,需要考虑的臀省量和省长量;腹凸曲线凸度,在西短裙样版设计时需要考虑的腹省量和省长量,其省量大小需要根据腹凸的明显度来取值;另外,还需要考虑裙片在侧缝处腰部向臀部过渡时省量和省长量,其省量大小需要根据裙子造型来确定。

图 2-1-18　腰围至臀围侧投影曲线凸度

3. 臀围线以下部位

在西短裙样版设计时,需要根据西裙侧缝倾斜度,定需要设计的侧缝倾斜量。对于西裙侧缝与人体的搭配,见图 2-1-19,根据西短裙造型特点,要求其侧缝贴近人体,侧缝倾斜度要适当的减小,至少要贴合着臀围线至大腿根部位侧体弧形。

4. 下肢部

在西短裙样版设计时,需要根据西短裙长度和下摆围度,设计侧缝倾斜量。当西短裙是窄裙时,侧缝向下肢方向倾斜,见图 2-1-19 中的倾斜线 a;当西短裙是宽松裙时,侧缝向远离下肢方向倾斜,见图 2-1-19 中的倾斜线 b。

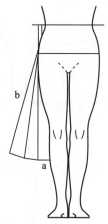

图 2-1-19　裙侧缝倾斜与人体的关系

(二) 女西裤与体型关系

人体着装后西裤与下体间关系见图 2-1-20、图 2-1-21。

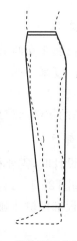

图 2-1-20　着装正面衣与女下体关系　　**图 2-1-21　着装侧面衣与女下体关系**

图 2-1-20、图 2-1-21 中在人体的腰至臀部分,女西裤与人体贴合性好,为方便穿着,需在裤腰处增加门襟和拉链等;从裆至裤脚呈直线形,裤长至人体脚踝处,裤身与人体间较为宽松,以方便人体正常运动。

1. 腰部

在女西裤样版设计时,需要根据腰部造型位置,确定女西裤腰弧度的设计量和形。裤腰与人体腰部有多重位置搭配,超低腰,如图 2-1-22a;低腰,如图 2-1-22b;中腰,如图 2-1-22c;高腰,如图 2-1-22d;超高腰,如图 2-1-22e。当裤腰属于低腰或超低腰时,设计的裤腰线需要适当增加弧度;当裤腰是中腰时,设计的裤腰线可以是水平线;当裤腰属于高腰或超高腰时,设计的裤腰线也需要适当增加弧度,见图 2-1-22f。

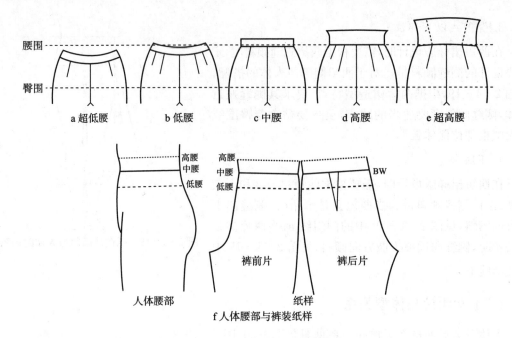

图 2-1-22　裤装不同腰部造型

2. 腰围至臀围部位

腰围至臀围部位属于女西裤上裆部位中的一段,在女西裤样版设计时,需要根据其侧投影中的后侧臀凸曲线凸度来考虑后裤片的臀省量;腹凸曲线凸度是女西裤样版设计时,需要考虑前裤片的腹省量,见图 2-1-23。女下体腰围至臀围段正面投影中侧边弧线曲度是女西裤样版设计时,需要考虑的腰部向臀部过渡时的侧省量。

3. 臀围线以下部位

在女西裤样版设计时,需要根据人体体侧倾斜度,设计女西裤的侧缝倾斜量。对于西裤侧缝与人体的搭配,如图 2-1-24,当西裤侧缝贴近人体时,侧缝倾斜度要适当的减小,至少要贴合着臀围线至大腿根部位侧体弧形;当西裤侧缝远离人体时,侧缝倾斜度要适当的增加。

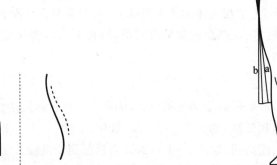

图 2-1-23　腰围至臀围侧投影曲线凸度　　　图 2-1-24　裤侧缝倾斜与人体的关系

在女西裤样版设计时,需要充分考虑人体裆部对女西裤裆线的设计影响。原因:裆底在裤子上是躯干与裤腿的分界线,由裆底开始,即由一个大的围度变成两个小的围度,如图2-1-25a所示。由于臀围向下是收缩的趋势,并且主要表现为后臀峰往下的急剧收拢,两侧大转子向下收缩较缓,所以上裆前面多是顺上腹自然垂下,收势较小,见图2-1-25b所示。

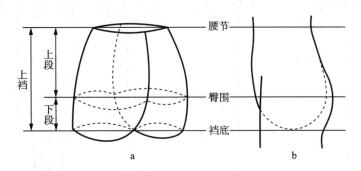

图2-1-25 人体臀部(a)与人体裆部收缩趋势(b)

4. 下肢部

在裤装样版设计时,需要根据裤身造型设计侧缝倾斜量。当是紧身裤时,侧缝向下肢方向倾斜,见图2-1-24中的倾斜线a;当是喇叭裤时,当为宽松裤时侧缝向远离下肢方向倾斜,见图2-1-24中的倾斜线b。

第二节 西短裙工艺及样版

裙子是一种遮盖人体下身的服装种类。虽然其对于人体包裹的结构相对比较简单,但是由于裙的变化非常之多,有合体的筒裙、西短裙、旗袍裙,也有不合身的褶裙、喇叭裙等。其中西短裙讲究合体,版型严谨,是其他各类裙装制版的基础。因此,本书从工艺解析、样版设计等角度对西短裙成衣样版形成全过程进行详细讲述。

一、西短裙工艺解析

(一) 款式对应工艺

1. 西短裙款式特征

西短裙是女裙的主要品种之一,在造型上具有款式简洁、大方等特点。一般与衬衫或西服来搭配,适合从事办公室或其他白领行业工作的女性在上班时所着装。既表现出职业女性的自信、干练,同时也衬托出女性优美的线条和优雅的气质。

西短裙款式如图2-2-1、图2-2-2所示,其上部造型符合人体腰臀的曲线形状,腰部紧窄贴身,臀部微宽,外形线条优美流畅。自臀至裙摆围度尺寸不变,裙身平直,呈直筒形。西短裙为全挂里,一片式绱腰,在腰身处装有松紧带,腰头处钉挂钩或钮扣,裙前身在腰线处对称分布四个腰省,以消除前片余量。裙后身分为左右两片,右片压住左片,在腰口处各有两个腰省,以保证后片腰臀部的合体性。后中缝上端开口装拉链,下端开衩。

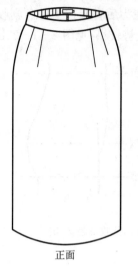

正面

图2-2-1 西短裙款式正视图

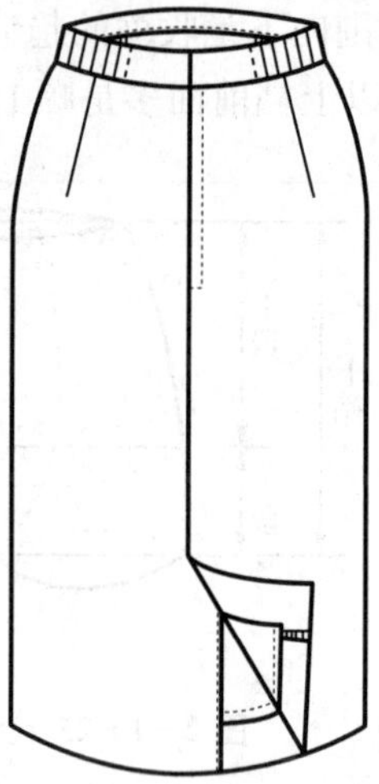

后面

图2-2-2 西短裙款式后视图

2. 对应部件工艺

(1) 裙腰

裙腰是控制西短裙整体长度伸展时的关键受力部位,是穿着合体与视觉整洁的中心部位。为了达到贴合腰身、不易压皱起褶,西短裙选择缩硬腰(即在腰内黏合布衬)。裙腰衬的长度等于裙腰长,而宽度为裙腰宽的一半。制作时需要注意腰衬的粘贴位置,确保在完成的裙腰中,有腰衬的一面在裙腰的正面,维持裙腰的挺括平整。

西短裙的腰部起着支撑整个裙子重量的作用,在西短裙样版设计时,需要考虑其牢固性。腰头一般由净腰围和搭门量组成,如图2-2-3。搭门量可以根据裙腰的宽度和裙子的款式来进行设计,一般宽度取2～4cm。但由于人体的不定性运动,单独的腰襻不能使裙腰维持其外形的整齐,这就需要在裙腰搭门量处增加一个小钉钮,如图2-2-4所示。

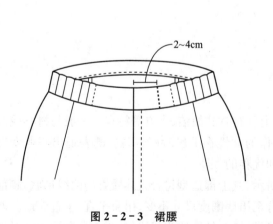

2～4cm

图2-2-3 裙腰

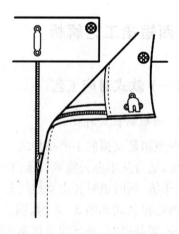

图2-2-4 裙腰搭襻

裙腰中松紧带有一定的位置要求。由于人体前凹后凸,松紧放在前侧过多,容易在腰处形成褶皱,若放在后侧多些,则会随着臀部活动被拉平产生较好的视觉效果。所以,一般情况下松紧带的1/3放置在裙前侧,2/3在裙后侧。制作时需要采用刀眼对相应放置位置进行标定。

为方便裙子日常悬挂收纳,在西短裙的裙腰处设计了四个牵挂带,以确保西短裙收纳时保持平贴。牵挂带有一定的位置要求,制作时需要采用刀眼对裙腰相应位置进行标定。

另外,为确保裙腰形状的一致性,在制作时需要设计定型样版,在缝制裙腰前需要运用定型样版进行扣烫,确定缝合的位差。

(2) 裙身

裙身是西短裙体现扶臀适体造型的关键。制作时需要考虑到人体腹部和臀部特征,为了维持裙子在穿着时的平整性,所以省的熨烫方向是偏向裙身中心,如图2-2-5和图2-2-6所示。

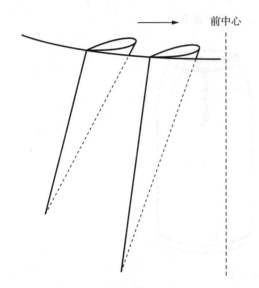

图2-2-5　裙前身省熨烫方向示意

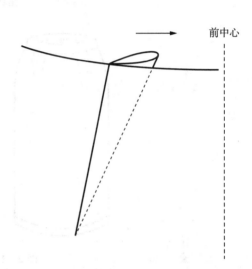

图2-2-6　裙后身省熨烫方向示意

西短裙的里料裙片在长度上小于面料裙片,在围度方面,理论上西短裙里料样版围度取值不可以超过面料,但考虑里料没有弹性,为了使裙子的表面平整,不随着人体的活动而产生吸附和褶皱,则选择围度大于面料裙片。通常采用两种方法来实现,第一种是采用容缝来适当增加里料的围度。制作时对里料前后裙身侧缝处采用容缝处理,容缝量一般为0.2cm,如图2-2-7;第二种是通过改变余缺处理的方式,褶不同省,每增加一个省,裙子在腰腹处的围度必定会减少,而褶只在腰处减少一定的围度,腹部围度不变。故面料运用省,里料采用活褶,如图2-2-8。对里料女体臀腰处特征导致的余缺处理采用活褶,活

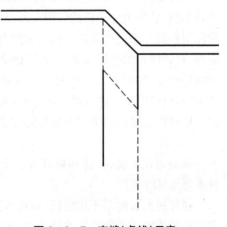

图2-2-7　容缝(虚线)示意

褶一般不在腰省处,在省后侧偏向侧缝位置,如图2-2-9。以防止因重叠过量、厚薄不均而导致的裙片不平整。

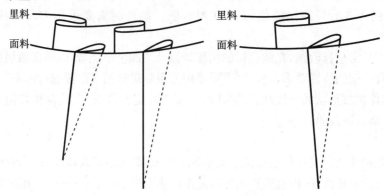

图2-2-8 里料前身和后身活褶示意图

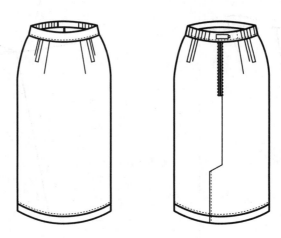

图2-2-9 裙子反面

（3）裙摆里、面料处理

西短裙的里料用来保护面料,维持面料的挺括性,同时有修饰美化面料的作用。所以,制作时需要确保里料长度不超过面料。里料底摆直接三卷边平缝,面料底摆先滚边后缲缝,里料底摆必须覆盖住面料缲缝痕迹,如图2-2-10所示。又由于面里料材质不同,里料由于人体运动产生静电,为利于静电的消除裙底摆处里面料采用不缝合的方式。

（4）衬

西短裙在裙腰、拉链和裙衩等三个部位需要用衬来增加其保型性。

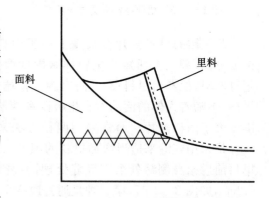

图2-2-10 里、面料在裙摆处的示意

裙腰衬的长度等于裙腰长,而宽度为裙腰宽的一半。制作时需要注意腰衬的粘贴位置,确保在完成的裙腰正面能摸到腰衬,维持裙腰的挺括平整,见图2-2-11。

图 2 - 2 - 11　裙腰衬示意

拉链衬粘贴在左右后片的拉链处。原因是由于拉链的质地相对面料而言较硬,容易导致裙后中心不平整,需要使用贴衬来增加面料的挺括性。制作时要注意两片衬的粘贴位置,面积大的衬粘在左后片,面积小的衬粘在右后片,如图 2 - 2 - 11。

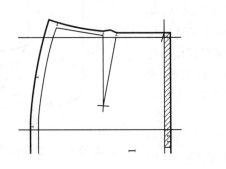
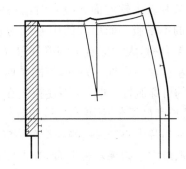

图 2 - 2 - 11　拉链处贴衬示意

裙衩相当于活口,左、右后裙片在衩口处重叠。为了在保持裙衩挺括性的同时,不影响裙子平整性,制作时需要两片不同的裙衩贴衬,面积大的衬粘在右后片,面积小的衬粘在左后片,见图 2 - 2 - 12。

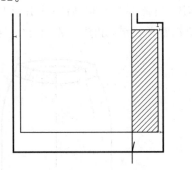
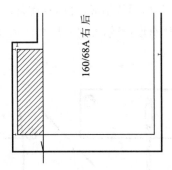

图 2 - 2 - 12　裙衩处贴衬示意

(二) 款式对应面料

由于西短裙款式风格和穿着场合的独特性,其在面料的选择上要求面料外观整洁平服,不易折皱,所以一般春夏两季选择面料质地上乘的丝绸、亚麻、府绸、麻纱、毛涤等面料,秋冬两季选择女士呢、薄花呢、人字呢、法兰绒等纯毛面料。选择时要注意面料的匀称、平整、滑润、光洁、柔软、挺括性,其弹性一定要好,且不易起皱。

里料一般选择光滑、耐磨、轻软的织物,如美丽绸、尼丝纺等。

(三) 款式对应功能

成衣结构不仅与人体形态密切相关,还要考虑人对成衣的各种功能需求所形成的不同造型细节,这些细节会直接影响样版设计。西短裙的功能设计主要包括以下几方面。

1. 拉链设计

一般情况,人体的腰围小于人体的臀围,而在穿着西短裙时,裙腰需要先通过人体的臀围,再到达腰部,为保证裙腰开口围度大于臀围,需要用到拉链设计。又由于面料缝合会出现不同程度的缩缝,特别是当两面料软硬差异较大时,缩缝愈加明显;而西短裙侧缝处为斜线,增加了面料拉伸性,会加重较硬的拉链和较柔软的面料缝合时出现的缩缝现象,导致侧缝拉链处的不平服。而后片的中心线为直线,同时在缝合拉链时增加粘合衬,大大减轻了缩缝现象,故将拉链安装在后片正中心的左右片粘合处。另外,臀围是西短裙围度最大处,为确保裙子的可穿脱性,同时为不使拉链在人体蹲坐时,伤及人体,故拉链长度最长在臀围线之下,如图 2-2-13。

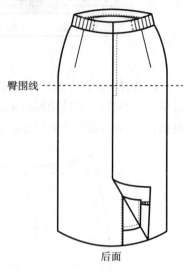

图 2-2-13 拉链处局部

拉链在后片中心处采用的是不对称缝合,原因是人体臀中心处的弯弧最大。如果对称缝合,当人体弯曲时,此处会产生最大伸长量,中心拉链处会劈开,故采用不对称缝合,使人体在动态时拉链不会被显现出来。现在市场上较为常用的拉链有隐形拉链和有形拉链。隐形拉链通常用在工艺不复杂、要求不高、版型较简单的款式上。在躯体进行伸展时,隐形拉链容易外露,与面料间形成色差。有形拉链则是对隐形拉链的优化,版型设计遮挡了开门处的整条拉链,工艺略复杂于隐形拉链。考虑到西短裙的后身是由两片后裙片组成,且裙身在臀部较为贴体,当臀部伸展时,后中缝由于力的作用会向外绷裂,故选择有形拉链,并将右后片样版设计为遮挡整条拉链,如图2-2-14。

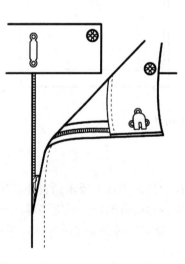

图 2-2-14 拉链的示意

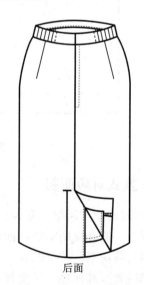

图 2-2-15 裙衩处局部

2. 裙衩设计

裙摆是指裙子下摆的周长,一般情况裙摆越大越便于下肢运动,但它受到西短裙的整体造型款式因素的限制。西短裙裙摆围度等于、小于或稍大于臀围线,迈腿行走时,裙子下摆在前后方向会受到拉力的作用,为了方便行走、上下楼梯等活动,故在后片正中心下部通过开裙衩的方式来补足活动量。又考虑到人体活动特别是弯身曲体后的安全性,裙衩不宜超过膝盖到腰长度的1/3。一般先确定裙衩的长度,再确定其宽度,见图2-2-15。

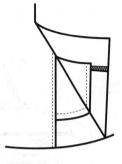

常见的裙开衩形式有侧缝下摆开衩和后中心开衩。侧缝开衩由于人体侧的曲线弧度易造成侧缝处的不平服,通常用在工艺不复杂,要求不高,版型较简单的款式上。后中心开衩在版型设计和工艺上都比侧缝开衩要复杂,显得更加正式和含蓄。考虑到西短裙的造型风格,选择后中心开衩。

图 2-2-16　裙衩

西短裙制作时特别要注意衩相对于一个活口,一般情况是右后片压左后片。裙衩处是面料和里料进行缝合,左后片面料和里料样版相同,但右后片里料和面料样版不同,见图2-2-16。

3. 腰松紧设计

在现代成衣工业生产中,一般一个型号代表是一个范围,它的穿着对象不是身材完全相同的人,而是身材围度类似的人。未采用松紧带的裙腰在被装好后,长度一般是固定的,如图2-2-17。同一号型范围内的人穿着,有人可能会感到松紧不适;而裙腰处有松紧的裙子的腰围适应面更广。例如尺码是64~68,可以选用68的尺寸,加两个松紧,每个松紧的可拉伸度为2cm,则即使是腰围只有64的人穿着也不会感觉腰部过大,更能适应人体的多样性,如图2-2-18。

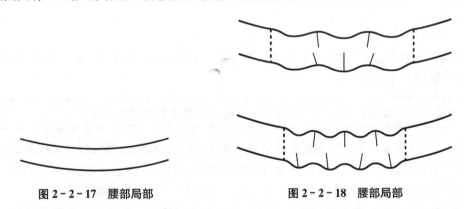

图 2-2-17　腰部局部　　　　　　图 2-2-18　腰部局部

4. 挂裙带设计

西短裙在设计时,不仅要考虑人体穿着时状态,也会注重其在晾晒和收纳时方便性。通常根据衣架的钩挂的个数来设计所要的挂裙带的个数,一般情况为2个或4个。故在西短裙的裙腰处设计四个牵挂带分布在净腰围中心的两侧,并且关于腰头宽中心线两两对称,以确保西短裙收纳时保持平贴,见图2-2-19。

5. 牵带设计

由于西短裙的里料直接接触人体,活动时容易发生摩擦,产生静电,使里料黏在皮肤上。同样当人体出汗时,潮湿的里料容易黏在皮肤上。这些现象都会束缚人体的行动,为了改善这种情况,在样版设计时,增加牵带设计来维持里面料的相对稳定性,见图2-2-20。

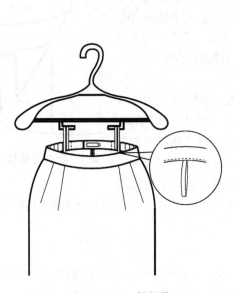

图2-2-19 挂裙带

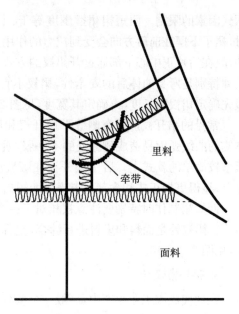

图2-2-20 里面料牵带

二、西短裙基础纸样

1. 西短裙纸样尺寸

结合西短裙款式特点,分析其主要控制部位由二个围度(腰围、臀围)和一个长度(裙长)组成。各部位纸样尺寸获取如下:

> **贴士:** 主要控制部位是指能够为服装的合体性起到至关重要作用的部位。

1)腰围:其尺寸大小影响裙装腰头造型和人体腰部的合体性,也是人体穿着裙装的受力处,在西短裙样版设计时,考虑到人体的呼吸、正常运动的舒适性、人体前后腰位差以及面料的质地对穿着西短裙的影响,一般腰围松量设定为2cm,故腰围尺寸=人体净腰围+2cm。

2)臀围:其尺寸大小影响西短裙造型和人体臀部的合体性。在西短裙样版设计时,需要考虑到人体臀部是随人体运动变化最明显的部位,根据人体坐在椅子上的舒适性和穿着西短裙下蹲时的可活动量,臀围放松量一般取4cm,故臀围尺寸=人体臀围+4cm。

3)裙长:反映了裙子的长度。因西短裙长度一般在人体膝盖处,所以其尺寸设计为人体腰围线至膝盖处的垂直距离。

2. 西短裙结构解析

西短裙主要由裙前身、裙后身和裙腰组成。

实样裙装前身由一片裙片构成,以前中心线为对称轴,两侧各分布了两个省。靠近裙前身正中两侧的省是对腹凸导致的余缺进行处理;靠近裙侧缝的省是对裙前片向臀部转折的处理,见图2-2-21。一般情况每个前片取两个收腰省,省长为8~9cm或9~10cm,省宽为2cm左右。

实样裙装后身由两片对称的裙片构成,以后中心线为对称轴,两侧各分布两个省,省是对臀凸导致的余缺进行处理,如图 2-2-22。一般情况,每个后片取两个收臀省,省长为 10~11cm,省宽为 2.0~2.5cm 左右。

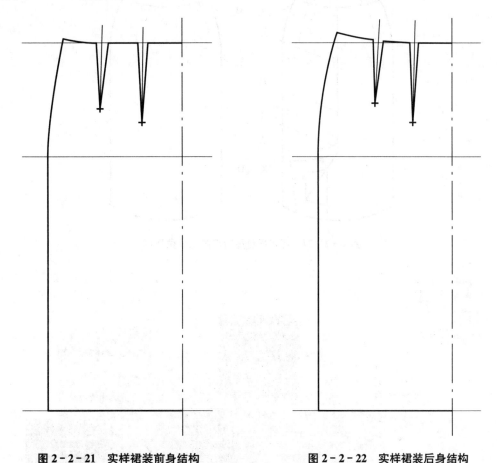

图 2-2-21 实样裙装前身结构   图 2-2-22 实样裙装后身结构

实样裙装的裙腰由一片裙片构成,裙腰实际的宽度为结构图中宽度的 1/2,裙腰搭门量根据腰宽来确定,一般取 3~4cm。为了具备不同型号的可穿性,裙腰采用腰松紧设计,见图 2-2-23。

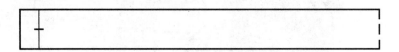

图 2-2-23 实样裙装裙腰结构

三、缝型和缝量设计

(一) 西短裙缝型结构

西短裙缝型对应成衣的位置图如图 2-2-24 所示,各位置缝型见图 2-2-25。

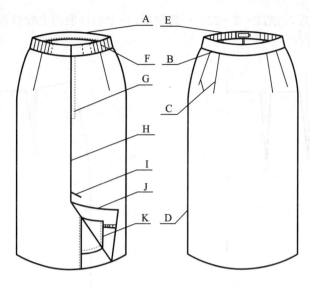

图 2 - 2 - 24　西短裙缝型对应成衣的位置图

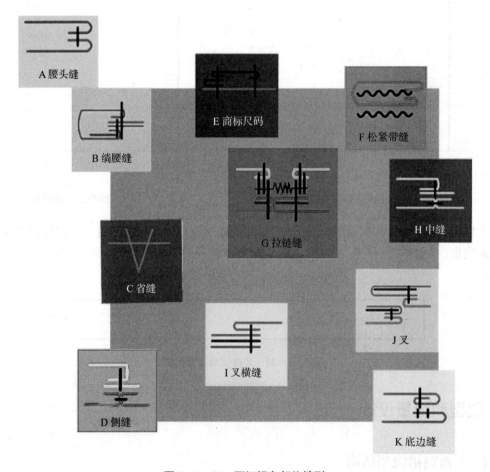

图 2 - 2 - 25　西短裙各部位缝型

(二) 西短裙缝型和缝量

1. 裙腰

西短裙腰采用的是绱腰缝,如图 2-2-26。原因:绱腰缝一般是用高低压脚缝制,可以形成落差,有效减少孔洞,防止在同一位置的多次穿透造成撕裂。裙腰是控制西短裙整体长度伸展时的关键受力部位,是穿着合体与视觉整洁的中心部位。为了达到贴合腰身、不易压皱起褶,西短裙选择绱硬腰(即在腰内黏合布衬)。而绱腰缝缝型结实牢固,且防止裙腰缝合处过厚,能达到缝合西短裙裙腰的要求。

图 2-2-26　绱腰缝

西短裙的裙腰缝量设计为 0.8cm。原因:由于腰头缝处由于活动频率小,缝量不需要余留过多,并且腰头不宜过宽,在腰处容易导致面料重叠,造成腰面不平,故在腰处只要保持在最小缝量即可,而最小缝量=压脚宽(0.5~0.6cm)+放量(约 0.2cm)。

2. 侧边

（1）面料侧边

西短裙面料侧边采用的是侧栋缝,如图 2-2-27。原因:由于西短裙的面料一般相对较厚,松量较大,所以采用侧栋缝来控制侧面波动量并支撑裙装整体外观结构的稳定。

图 2-2-27　面料侧边的侧栋缝

西短裙面料侧边缝量设计为 1.5cm。原因:这是根据两个因素决定的,一个因素是缝制后的平服度,另一个因素是西短裙的挺括性。通过面料侧栋缝分析,可以发现相缝面料的缝量一般相等,但考虑到缝合后要分开烫缝量,所以选择 1.5cm 的缝量来确保西短裙的牢固性。

（2）里料侧边

西短裙里料侧边采用的侧栋缝,如图 2-2-28。原因:由于西短裙里料相对较轻薄,容易劈裂,故选择相对较牢固的侧栋缝缝型。

图 2-2-28　里料侧边的侧栋缝

西短裙里料侧边缝量设计为 1cm。原因:通过里料侧栋缝分析,可以发现相缝里料的缝量一般相等,在样版缝量设计时,考虑到裙面的平整度和制作时效率和质量,所以选择 1cm 的缝量来确保里面的和谐性。

3. 面料后中

西短裙后中缝是西短裙的结构控制缝,分为后开门、后中缝、后开衩三部分,是制作工艺最为复杂的部分。

（1）拉链

西短裙后开门采用的是拉链缝,如图 2-2-29。原因:西短裙采用的是有形拉链,在缝制是涉及不仅是面料,还有里料。

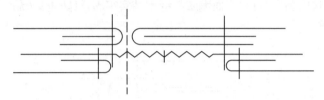

图 2-2-29 拉链缝

西短裙后开门涉及到两片后片,左后片缝量设计为 1cm,右后片缝量设计为 2cm。原因:西短裙选择的有形拉链,版型设计遮挡了开门处的整条拉链,如图 2-2-30,但考虑到缝制的效率和质量,故左后片缝量设计为 1cm,相对的右后片缝量设计为 2cm。

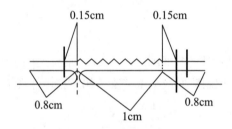

图 2-2-30 拉链版型设计

（2）后中缝

西短裙后中缝采用的是平缝,见图 2-2-31。原因:确保西短裙后身的平整,与里料很好的相服贴。

图 2-2-31 后中缝

西短裙后中缝缝量设计为 1cm。原因:西短裙后中缝没有特别的要求,故选择最便捷的缝量。

（3）裙衩

西短裙后裙衩采用的是平缝,如图 2-2-32。原因:裙衩处面料重叠量比较多,不需要牢度很多的缝型,故采用平缝。

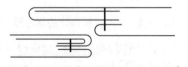

图 2-2-32 后裙衩缝型

西短裙后裙衩缝量设计为1cm。原因：裙衩处面料重叠量比较多，为了确保裙衩的平整，故采用简洁的缝量。

（4）里料后中

西短裙里料后中缝和面料后中缝一样，分为后开门、后中缝、后开衩三部分。

① 里料后开门缝型和缝量设计

西短裙里料后开门缝型同面料后开门一样。原因：里料后开门是同面料后开门缝合的。西短裙里料后开门缝量设计为1cm。原因：不需要考虑拉链因素，采用简洁的缝量。

② 里料后中缝缝型和缝量设计

西短裙里料后中缝采用和面料后中缝缝型相同的平缝。原因：确保西短裙后身的平整，与面料很好的相服贴。

西短裙里料后中缝缝量设计为1cm。原因：西短裙里料后中缝没有特别的要求，故选择最便捷的缝量。

③ 里料后裙衩缝型和缝量设计

西短裙里料后裙衩缝型同面料后裙衩一样。原因：里料后裙衩是同面料后裙衩缝合的。西短裙里料后裙衩缝量设计为1cm。原因：根据面料后裙衩缝量来确定。

4. 省

西短裙省采用的是平缝。原因：确保西短裙后身的平整，与面料很好的相服贴。西短裙省没有省量设计，有省迹设计，如图2-2-33。

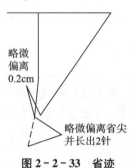

略微偏离0.2cm

略微偏离省尖并长出2针

图2-2-33　省迹

5. 底摆

（1）面料底摆

西短裙底摆采用的缝型是缲缝，如图2-2-34。原因：成衣中常用的缲缝是扳三角针，它是折边口处理的一种常见针法，在折边处可以看到一个个类似于"X"形的线迹，而面料表面仅留下细小的点状线迹。这样可以在不影响西短裙外观的情况下，固定住西短裙的裙摆。

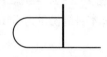

图2-2-34　底摆缲缝

西短裙底摆的缝量设计为3cm。原因：西短裙前片和后片的下摆处的缝量就相当于是西短裙的连贴边（边口部位里层的翻边称为贴边）。为了增强边口牢度、耐磨度及挺括度，并防止经纬纱线松散脱落及反面外露，选择了中等宽度3cm作为西裙下摆处缝量。

（2）里料底摆

西短裙里料底摆采用的是卷边缝，如图2-2-35。原因：维持底边的平整。

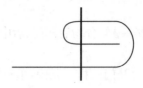

图2-2-35　卷边缝

西短裙里料底摆缝量设计为1.2cm。原因：根据面料底摆缝量而设计的，确保遮盖住面料底摆缝迹。

6. 裙腰片

西短裙的裙腰片采用的是漏落缝。原因：裙腰片是与裙腰缝合的。

西短裙裙腰片缝量设计为0.8cm和1.4 cm。原因西短裙的裙腰片两边缝量需要根据裙身腰缝缝量来设计，取0.8cm，但由于绱裙腰采用的是漏落缝缝型，裙腰两边的缝量是不同的，裙腰呈现在外侧的一边缝量更多一些，缝量需要增加0.6cm，见图2-2-26。

7. 腰头

西短裙腰头采用腰头缝，如图2-2-36。原因：腰头缝是用来闭合腰头顶端的缝型。西短裙腰头的闭合需要先平缝，通过翻整后，进行清缝，确保位于腰外部的量长于腰内侧的量，增加层次感，减少缝口厚度，保持腰面平整。

图2-2-36　腰头缝

西短裙腰头缝量设计为1cm。原因：考虑缝制的方便性。

8. 商标

西短裙商标采用的是商标缝，如图2-2-37。原因：西短裙的商标和尺码标是缝在后裙腰内侧，商标缝是用高低压脚缝的，可以确保商标美观、服贴。

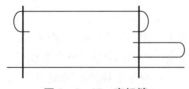

图2-2-37　商标缝

西短裙商标缝缝量设计为0.1cm（商标本身缝份量为1cm）。原因：根据裙子的精细美观而设计的。

9. 松紧带

西短裙松紧带采用平缝。原因：没有特别要求，只要可以固定住松紧带。

西短裙松紧带缝量设计为1cm。原因：确保固定住松紧带。

10. 吊带

西短裙吊带采用平缝，如图2-2-38。原因：吊带设计是为了方便晾晒和收纳西短裙，在使用时需要支撑住整条裙子的重量。在缝制吊带时，采用两次缝制,都采用平缝,第一次与裙腰缝合,第二次与裙腰和裙身都进行缝合。

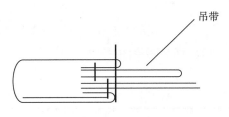

图 2-2-38　吊带缝型

西短裙吊带缝量设计为 1.4cm。原因:根据吊带缝型和裙腰缝型而设计。

四、中心样版制作解析

(一) 样版数量设计

1. 裁剪样版数量设计

西短裙的裁剪样版主要包括前、后裙片,腰头的面料样版、里料样版和衬料样版,以及裙衩衬料样版等。每种样版的具体部位和数据见表 2-2-1。

2. 工艺样版数量设计

制作西短裙不仅需要裁剪面料、里料等所需的裁剪样版,还需要保证产品规格一致的定型、定位等工艺样版,具体样版种类、数量及作用见表 2-2-1。

表 2-2-1　西短裙样版数量设计

部位名称		结构设计（片）	样版数量（片）		辅配料类型	备注
			裁剪样版	工艺样版		
裙腰	面料	1	1×1	定型样版1	松紧带、商标、裙钩、扣、吊带定位	
	衬料		1×1			
前裙片	面料	1	1×1	省定位样版1 底摆定量样版1	里料吊带定位	
	里料	1	1×1			
后裙片	面料	1	2×1	省定位样版1 中缝定位样版1 底摆定量样版1	拉链、吊带	左右裙衩衬料样版相同各一片; 左右后裙片拉链衬料不同各一片
	里料	1	2×1			
	衬料		裙衩1×2 拉链2×1			

注意:裁剪样版数量表示含义,如裙衩 1×2,"1"表示裁剪样版设计数量为 1 个,"2"表示裁剪的样版数量为 2 个。

（二）裁剪样版

1. 样版缝量图

（1）面料

西短裙各面料样版加缝量后的样版图见图2-2-39。

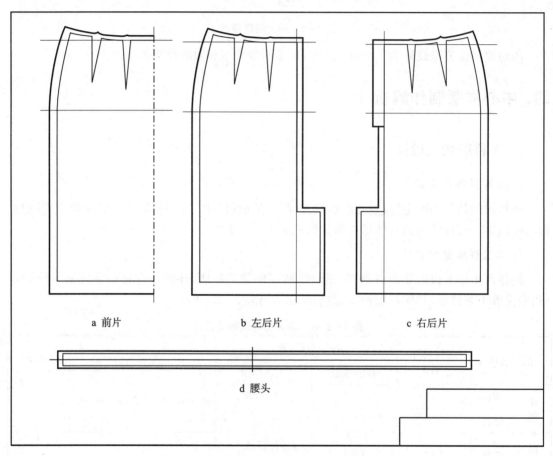

a 前片　　　　　　　　b 左后片　　　　　　　　c 右后片

d 腰头

图2-2-39　西短裙面料样版缝量示意图

（2）里料

西短裙各里料样版加缝份后的样版图见图2-2-40。

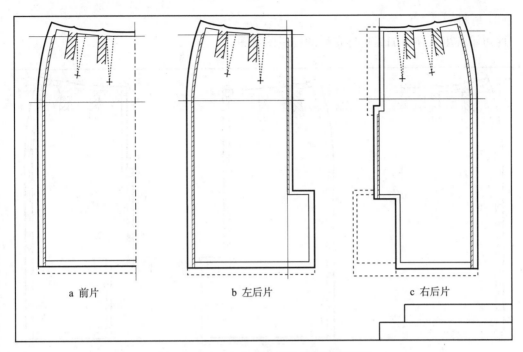

a 前片   b 左后片   c 右后片

图 2-2-40 西短裙里料样版缝量示意图

2. 样版缝量标定图

（1）面料

西短裙各面料样版加缝量标定后的样版图见图 2-2-41。

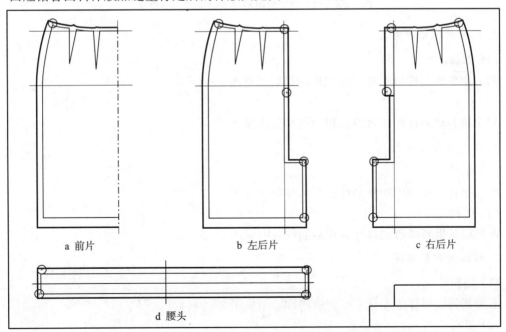

a 前片   b 左后片   c 右后片

d 腰头

图 2-2-41 西短裙面料样版缝量标定示意图

（2）里料

西短裙各里料样版加缝量标定后的样版图见图2-2-42。

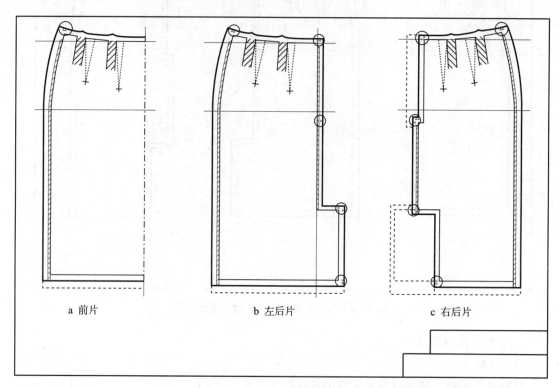

图 2-2-42　西短裙里料样版缝量标定示意图

3. 样版对位标识图

（1）面料

西短裙各面料样版加对位标识后的样版图见图2-2-43。

（2）里料

西短裙各里料样版加对位标识后的样版图见图2-2-44。

4. 样版符号标识图

（1）面料

西短裙各里料样版加符号标识后的样版图见图2-2-45。

（2）里料

西短裙各里料样版加符号标识后的样版图见图2-2-46。

5. 样版文字标定图

（1）面料

西短裙各面料样版加文字标定后的样版图见图2-2-47。

（2）里料

西短裙各里料样版加文字标定后的样版图见图2-2-48。

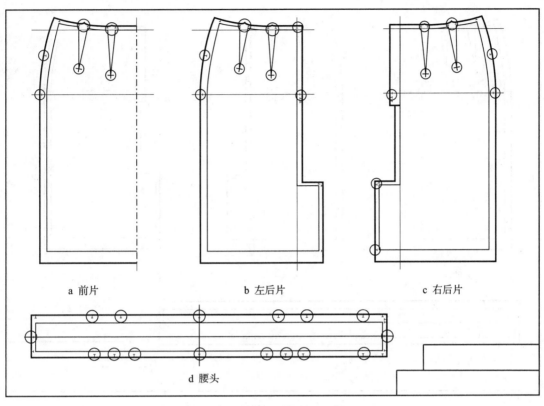

a 前片　　　　　　　　b 左后片　　　　　　　　c 右后片

d 腰头

图 2－2－43　西短裙面料样版对位标识示意图

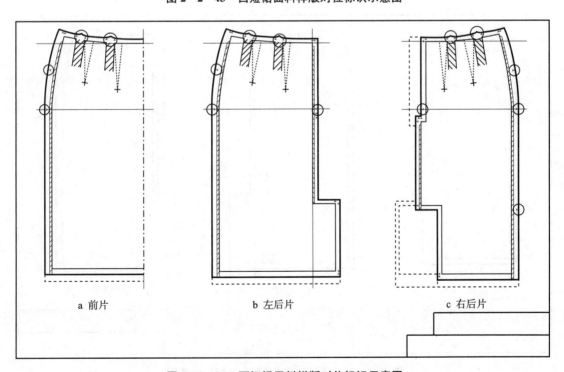

a 前片　　　　　　　　b 左后片　　　　　　　　c 右后片

图 2－2－44　西短裙里料样版对位标识示意图

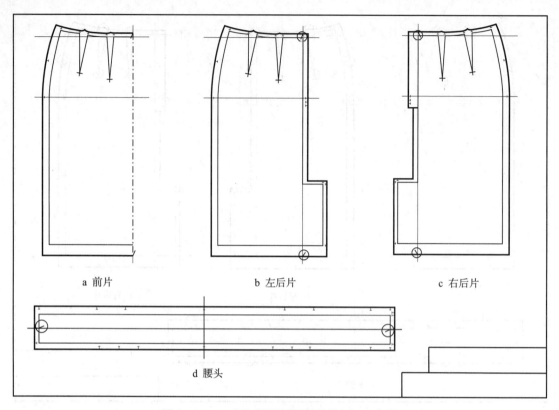

a 前片　　　　　　　　b 左后片　　　　　　　　c 右后片

d 腰头

图 2－2－45　西短裙面料样版符号标识示意图

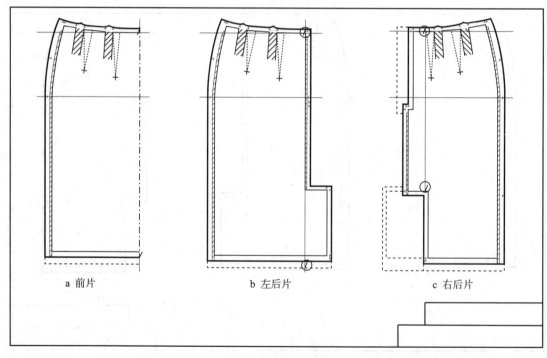

a 前片　　　　　　　　b 左后片　　　　　　　　c 右后片

图 2－2－46　西短裙里料样版符号标识示意图

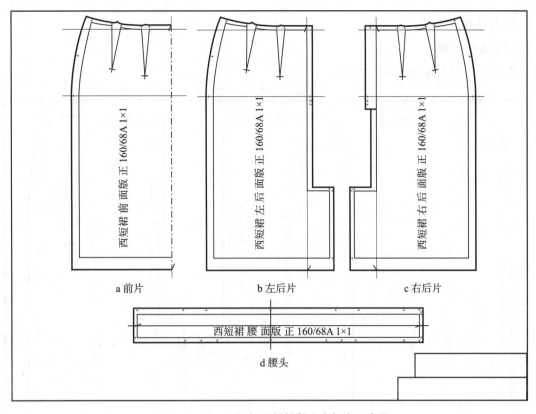

图 2-2-47　西短裙面料样版文字标定示意图

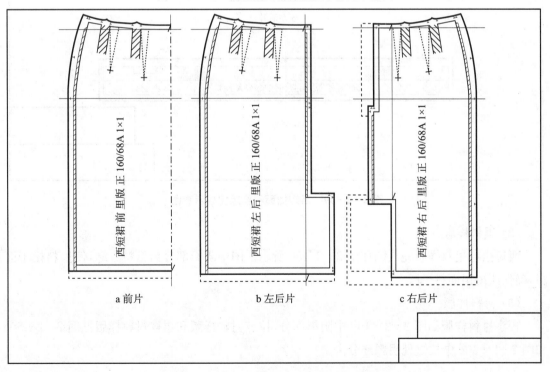

图 2-2-48　西短裙里料样版文字标定示意图

6.样版完成图

（1）面料样版

西短裙各面料样版完成图如图2-2-49。

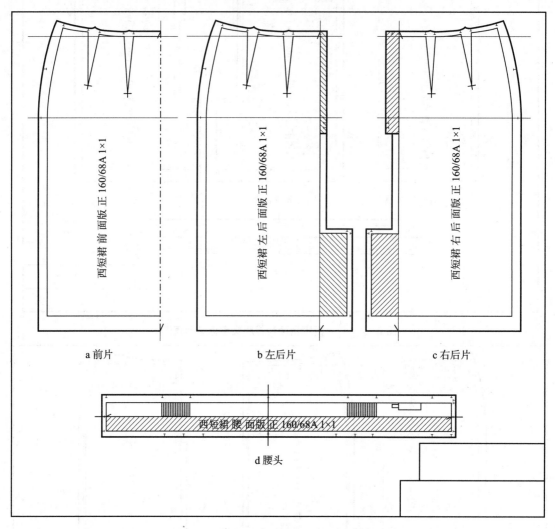

图2-2-49 西短裙面料样版完成示意图

（2）里料样版

西短裙各里料样版完成图如图2-2-50所示。图中阴影部分为里料容缝,使里料松于面料,确保西短裙面料平服。

（3）衬料样版

腰头衬料样版如图2-2-49d中阴影部分,拉链衬料样版和裙衩衬料样版见图2-2-50c和图2-2-50d中拉链处阴影部分。

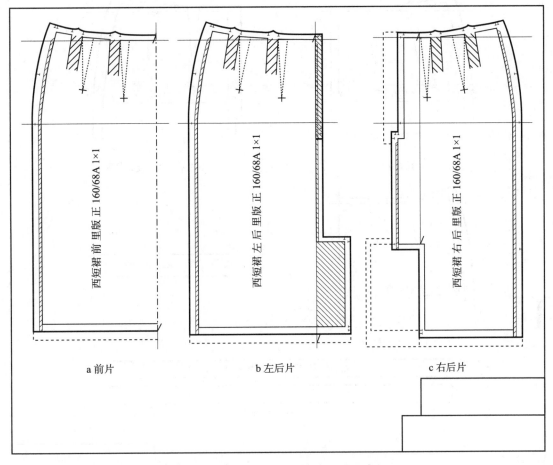

西短裙前里版正 160/68A 1×1

西短裙左后里版正 160/68A 1×1

西短裙右后里版正 160/68A 1×1

a 前片　　　　　　　b 左后片　　　　　　　c 右后片

图 2-2-50　西短裙里料样版完成示意图

（三）工艺样版

1. 定型样版

腰头定型样版能够保证西短裙腰头形状标准，并且相同尺码的腰头形状一致，提高西短裙外观质量。

因西短裙腰头面里合一，且采用漏落缝，正、反腰头宽度不同，要保证裙腰形状需要两个腰头定型样版，如图 2-2-51a、b、c 所示。

2. 定位样版

为能够直线缝制西短裙腰省，要使用腰省定位样版。西短裙定位样版包括裙前身省定位样版和裙后身省定位样版。西短裙腰省定位样版如图 2-2-51e。

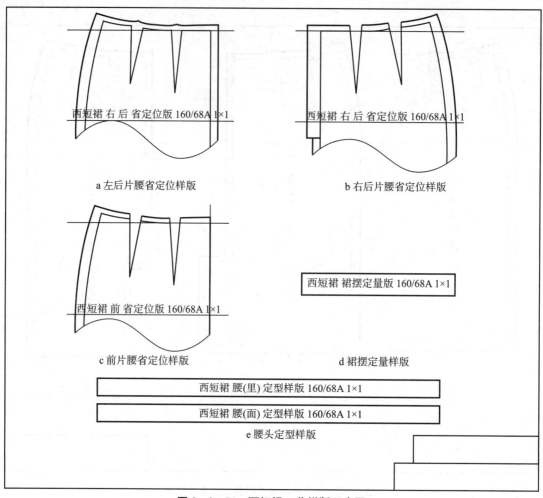

图 2－2－51　西短裙工艺样版示意图

五、成衣系列样版设计

（一）西短裙成衣规格设计

贴士：规格设计的原则

　　各控制部位的规格设计虽有一定的灵活性，但也有原则可遵循。

　　（1）不能随意更改中间体数值，必须根据标准中已确定的男女各类体型的中间体数值，这样才不至于出现生产的产品无需求市场或市场极小的后果。

　　（2）考虑流行趋势而变化。因为服装号型标准只是统一号型，而不是统一规格。所以放松量应随服装品种款式的发展变化而变化。

　　（3）标准中已规定的号型系列和分档数值以及控制部位数值不能随意改动。服装规格系列化设计，是成衣生产的商品性特征之一。具体产品应对应于具体的规格系列化设计。

根据国家标准选择 A 体型的中间体 160/68A 为西短裙的中间号型。系列号型为 155/66A，160/68A，165/70A。

西短裙成衣规格设计如表 2 - 2 - 2 所示。

表 2 - 2 - 2 西装裙成衣规格设计表 单位:cm

	155/66A	160/68A	165/70A	档差	计算公式
腰围	68	70	72	2	腰围档差 = $\dfrac{腰围}{胸围} \times 4$
臀围	90.2	92	93.8	1.8	臀围档差 = $\dfrac{臀围}{胸围} \times 4$
腰臀深	16.5	17	17.5	0.5	腰殿深档差 = $\dfrac{腰殿深}{身高} \times 5$
裙长	56.2	58	59.8	1.8	裙长档差 = $\dfrac{裙长}{身高} \times 5$

注:裙长 58cm 中包含 2.5cm 的腰头宽。表中各规格尺寸均未考虑缩率因素。

贴士:成衣规格尺寸设计方法

(1) 设计中间号型的成衣尺寸。参照国家号型标准中给出的 10 个人体控制部位的尺寸，根据服装款式和功能,在对应人体的控制部位数值加减定数确定成衣的中间号型尺寸。若进行尺寸设计时,部位不在 10 个控制部位内,则可通过人体测量或经验数据来确定其尺寸。

(2) 依据控制部位分档值,设计系列号型的成衣尺寸。参照国家号型标准中 10 个人体控制部位在各号型系列的分档值,从中间号型尺寸向两边号型加减分档值,确定成衣的系列号型尺寸。

贴士:档差设计方法

(1) 依据 10 个控制部位的分档值。成品部位的档差值可以采用对应国标中给出的 10 个控制部位的分档值来确定。如:西服裙成品臀围的档差值可以采用国标中给出臀围控制部位的分档值 1.8cm。

(2) 依据人体比例关系。以往档差的设计考虑到手工推挡的易操作性,一般采用近似值的方法。

待求部位档差/待求部位尺寸 = 已知部位档差/已知部位尺寸 公式(1)

其中待求部位和已知部位必须为同方向(同为围度或长度方向)部位,且已知部位长度方向以身高(档差 5cm)为标准,围度方向以胸围(档差 4cm)和腰围(档差 2cm)为标准。运用此方法对西短裙各主要部位进行档差设计。

(二)建立坐标系

1. 前、后裙片坐标系选择(图 2 - 2 - 52)

1) 前中线和后中线分别为前、后裙片的 Y 轴;

2) 臀围线为前、后裙片的 X 轴。

2. 裙腰坐标系选择(图 2 - 2 - 53)

1) 选择腰头一端的垂直方向作为 Y 轴;

2) 选择裙腰的水平一边作为 X 轴。

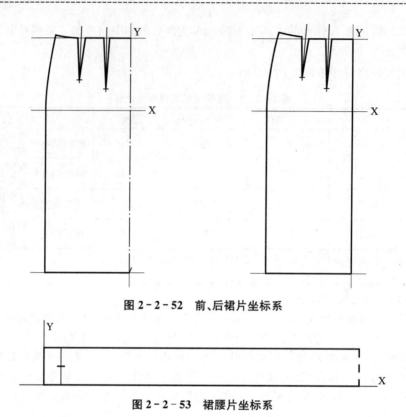

图 2 - 2 - 52　前、后裙片坐标系

图 2 - 2 - 53　裙腰片坐标系

（三）确定推档点

确定西短裙前、后裙片和裙腰的推档点，并用字母表示，如图 2 - 2 - 54～图 2 - 2 - 56 所示。

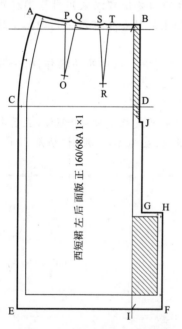

图 2 - 2 - 54　西短裙左后片面料样版推档点

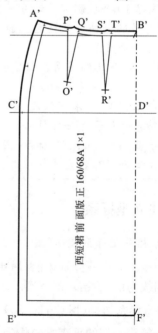

图 2 - 2 - 55　西短裙前片面料样版推档点

图 2-2-56 西短裙腰头面料样版推档点

(四) 点推档

1. 后片点推档

因西短裙的左、右后片样版只在拉链处略有不同,而且尺寸差异很小,对应放码点的档差值相同,故以左后片(图 2-2-54)为例,利用公式法或比例法计算面料样版各点推档值,如表 2-2-3 所示。

表 2-2-3　西短裙后片面料样版推档值数据表　　　　　　单位:cm

推档点	A	B	P,Q	S,T	C	G	H	F	I	D,J	E	R	O
X 推档值	−0.5	0	−0.33	−0.17	−0.45	0	0	0	0	0	−0.45	−0.17	−0.33
Y 推档值	0.53	0.53	0.53	0.53	0	0.75	0.75	−1.28	−1.28	0	−1.28	0.34	0.31
推档方向													

2. 前片点推档

西短裙前片样版推档点见图 2-2-55,各点推档值如表 2-2-4 所示。

表 2-2-4　西短裙前片面料样版推档值数据表　　　　　　单位:cm

推档点	A′	B′	S′,T′	P′,Q′	C′	F′	D′	E′	R′	O′
X 推档值	−0.5	0	−0.17	−0.33	−0.45	0	0	−0.45	−0.17	−0.33
Y 推档值	0.53	0.53	0.53	0.53	0	−1.28	0	−1.28	0.34	0.31
推档方向										

3. 腰头点推档

西短裙腰头在各尺码中宽度不变,长度在相邻尺码间差值为 2cm。裙腰样版推档点见图 2-2-56,各点推档值如表 2-2-5 所示。

表 2-2-5　西短裙裙腰面料样版推档值数据表　　　　　　单位：cm

推档点	A1	B1	C1	D1
X 推档值	0	0	2	2
Y 推档值	0	0	0	0
推档方向			⟶ 2.00	⟶ 2.00

(五) 成衣系列样版

利用服装 CAD 中的放码功能,将各样版的放码量输入计算机中,生成各系列样版。

1. 面料系列样版

西短裙面料系列样版见图 2-2-57。

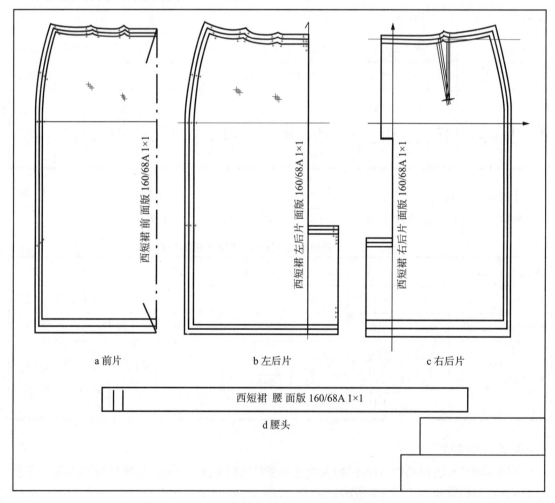

　　　a 前片　　　　　　　　b 左后片　　　　　　　　c 右后片

西短裙 腰 面版 160/68A 1×1

d 腰头

图 2-2-57　西短裙面料系列样版示意图

2. 里料系列样版

西短裙里料系列样版如图 2-2-58。

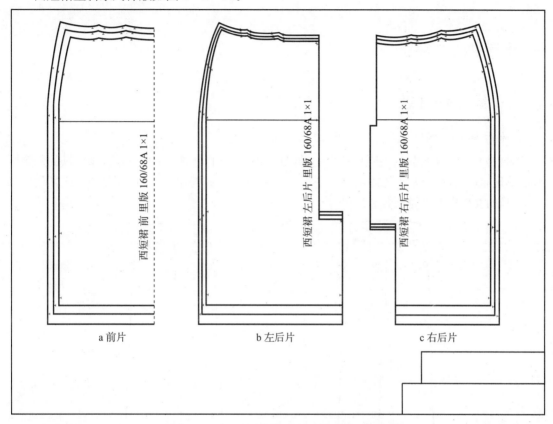

图 2-2-58　西短裙里料系列样版示意图

3. 衬料系列样版

西短裙腰头衬料样版、拉链衬料样版、裙衩衬料样版见图 2-2-59。

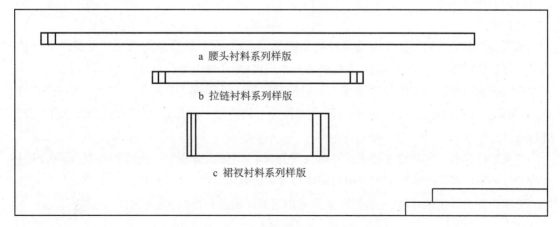

图 2-2-59　西短裙衬料系列样版示意图

第三节　女西裤工艺及样版

一、女西裤工艺解析

（一）款式对应工艺

1. 女西裤款式特征（图2-3-1、图2-3-2）

西裤是女性职场服装的主要品种之一，裤身平直，具有自然清爽的悬垂感，能很好的修饰腿型，能体现职业女性自信、干练等特点。一般与衬衫或西服来搭配，适合从事办公室或其他白领行业工作的女性在上班时所着装。

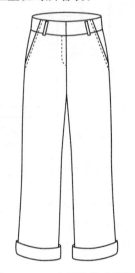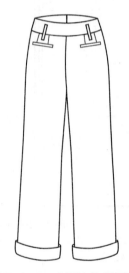

图2-3-1　女西裤款式正视图　　　　图2-3-2　女西裤款式后视图

2. 对应部件工艺

（1）裤腰

裤腰是控制女西裤整体长度伸展时的关键受力部位，是穿着合体与视觉整洁的中心部位。为了达到贴合腰身，不易压皱起褶，女西裤选择绱硬腰（即在腰内黏合布衬）。

裤腰中的裤襻有一定的位置要求。一般情况设计六个裤襻，其中四个以前、后中心为对称轴，分别位于裤子的前、后片两侧，另外两个裤襻位于侧缝处。制作时需要采用刀眼对相应位置进行定位。

裤腰牵挂带有一定的位置要求。一般采用的两个牵挂带，分别位于侧缝的两侧，确保女西裤在收纳时平贴。制作时需要采用刀眼对相应位置进行确定。

裤腰需要设计定型样版，在缝制前需要运用定型样版进行扣烫，确定缝合的位差。

（2）裤身

裤身是女西裤体现扶臀适体的造型的关键。制作时需要考虑到女性腹部、臀部和下体特征,为了维持裤子在穿着时合理展现人体表面的起伏,省的熨烫的方向是偏向裤身前后中心,如图2-3-3。

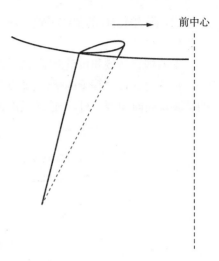

女西裤里料裤片的长度小于面料裤片,而里料围度理论上取值不可以超过面料,但考虑到里料没有弹性,为使裤子表面平整,不随着人体的活动而产生褶皱,则制作时对里料侧缝采用容缝处理,容缝量一般为0.2cm,如图2-3-4;对里料腰臀差导致的余缺采用活褶处理,这样只会在腰处减少一定的围度,而腹部围度不变。活褶一般位于腰省的后侧,如图2-3-5,以防止因重叠过量、厚薄不均而导致裤片不平整。

图2-3-3　省处理示意

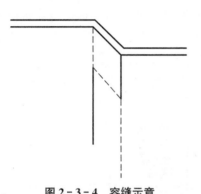

图2-3-4　容缝示意

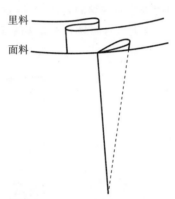

图2-3-5　里料活褶示意图

（3）裤脚里面料

女西裤的裤脚在制作时需要先用定型样版对面料进行扣烫,确保裤脚口整洁,在同一水平面。女西裤的里料用来维持面料的挺括性和保护人体的舒适性,制作时需要确保里料在裤脚口的长度不超过面料。里料裤脚口直接卷边平缝,面料裤脚口先滚边后缲缝,里料裤脚口必须覆盖住面料缲缝痕迹,见图2-3-6。

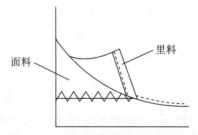

图2-3-6　里面料在裤脚口处的示意

（4）前侧袋

女西裤一般情况前片有侧袋,后片为不开口挖袋。侧袋口有贴片式和分片式两种,最好采用分片式,维持侧袋口的整洁平整。对于拼接口在制作前需要进行定位,贴片在缝制前要先包边。

（5）衬

女西裤在裤腰和拉链两部位需要黏贴衬。

裤腰衬的长度等于裤腰长,宽度等于裤腰宽。制作时需要注意腰衬的黏贴位置,确保在完成的裤腰正面能摸到腰衬,维持裤腰的挺括平整,见图2-3-8。

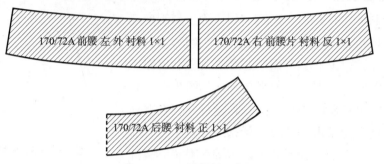

图2-3-8 裤腰衬示意图

拉链牙布质地相对面料而言比较硬,容易导致女西裤前中心不平整,需要使用贴衬来增加面料的挺括性。制作时要注意两片衬的黏贴位置,适当的进行修改,确保拉链处面料的平整,如图2-3-9。

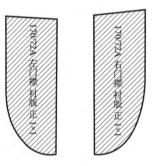

图2-3-9 拉链处贴衬示意

（2）款式对应面料

裤子是实用性很强的服饰品种,通常采用的面料在强调穿着舒适的前提下,还应具有一定的抗皱性、坚牢度、耐磨性和耐洗涤性,质地组织紧密,布面效果相对平整而坚固。一般以涤、棉、麻、毛以及各种混纺原料织制的面料为主。其中高档女西裤多采用纯羊毛面料来制作,这类西裤穿起来既柔软又挺拔,颜色柔和又不暗淡。但是这种面料容易褶皱,不易打理。所以中档女西裤多在纯毛面料中加入涤纶等化纤来增加其耐磨性和抗褶皱性,此类面料多为毛涤混纺、丝毛混纺、竹纤维、麻、棉类等面料;较低档女西裤多采用化纤面料,如涤纶、人造毛等。纯化纤西裤容易吸灰尘,料子手感偏硬,影响穿着舒适性。

女西裤里料的选择要求是其性能、颜色、质量、价格等与面料的统一。里料的缩水率、耐热性、耐洗涤性、强度、厚度、重量等特性应与面料相匹配;里料与面料的颜色应相协调,并有好的色牢度;里料应光滑、轻软、耐用;有蓬松感、易起毛球、易产生静电和有弹性的织物都不适宜作里料;里料应弥补面料的缺点,如对易产生静电的面料,要选择易导电的里料,否则非但影响穿着,里料起皱也会影响面料的平整;在不影响裤子整体效果的情况下,里料与面料的档次应相匹配,还应适当考虑里料的价格并选择相对容易缝制的里料。一般真丝的里料用于丝绸或毛料的高档裤子;涤纶、锦纶、黏胶、醋酯等化纤里料适用于中低档西裤。

(三) 款式对应功能

不同的功能需求形成不同的造型细节,进而直接影响样版的设计。女西裤的功能需求主要包括以下内容。

1. 拉链设计

一般情况,人体腰围小于人体臀围。在穿着女西裤时,裤腰需要先通过人体的臀围,再达到腰部,这样就需要使用拉链设计,在前片正中心的左右前片的黏合处安装拉链(图2-3-10),使得裤腰处开口围度大于人体臀围尺寸,以方便女西裤的穿脱。

考虑到女西裤的前身是由两片前裤片组成,在人体呼吸和大幅度运动时,前中心缝由于力的作用会向外绷裂,故选择有形拉链,利用其版型设计遮挡开门处的整条拉链,如图2-3-10。

2. 钉钮设计

女西裤的腰部起着支撑整个西裤重量的作用,在样版设计时,需要考虑其牢固性。女西裤的裤腰一般由净腰围和搭门量组成。搭门量可以根据裤腰宽度和裤子款式来进行设计,一般搭门量取2~4cm。但由于人体的不定性运动,单独的腰襻不能使裤腰维持其外形的整齐,这就需要在裤腰的搭门量上增加钉钮,如图2-3-10。

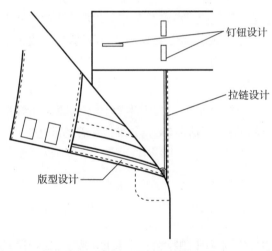

图2-3-10　裤装拉链处局部

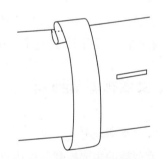

图2-3-11　裤腰上裤襻局部图

3. 裤襻设计

女西裤的裤腰是西裤的关键部位之一,有连腰与绱腰两种,一般多为绱裤腰。裤腰宽度包含在全裤长内。

裤腰直接和裤片缝合,它的围度大小是决定缝合平整度的关键因素。如果裤腰围度对于穿着者来说太小,则容易在裤侧缝或腹部位置产生皱褶,如果裤腰围度对于穿着者来说过大,则容易导致在活动时裤子的移位,影响穿着效果。

在现代成衣工业生产中,一般一个型号代表是一个围度范围,它的穿着对象不是围度完全相同的人,而是身材围度类似的人。裤襻在裤腰上装好后,长度是固定的,如图2-3-11。同一号型范围内的人穿着,有人可能会感到松紧不适,可通过裤襻的调节来增加西裤的腰围适应面。

4. 挂裤带设计

在设计女西裤时,不仅要考虑人体穿着时的状态,也会注重其在晾晒和收纳时方便性。通常根据衣架的钩挂的个数和女西裤收纳习惯来设计所要的挂裤带个数,一般情况为2根,如图2-3-12。

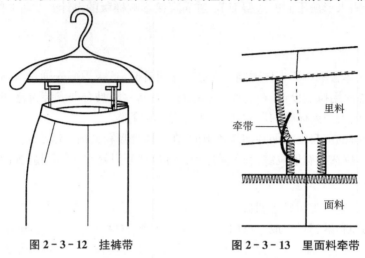

图2-3-12 挂裤带   图2-3-13 里面料牵带

5. 牵带设计

由于女西裤的里料直接接触人体,活动时容易发生摩擦,产生静电,使里料黏在皮肤上。同样当人体出汗时,潮湿的里料容易黏在皮肤上。这些现象都会束缚人体的行动,为了改善这种情况,在样版设计时,增加牵带设计,来维持里面料的相对稳定性,如图2-3-13。

6. 里料设计

西裤的里料一般分为两大类,一类是全里,一类是半里。其中半里又分到膝盖和到裤口两类。在女西裤设计时,选择了全里,这既考虑到面料的挺括性,又充分维护穿着的舒适性。

二、女西裤基础纸样

1. 女西裤纸样尺寸

女西裤的主要控制部位由三个围度(腰围、臀围、裤口围)和二个长度(裤长、立裆深)组成。各部位纸样尺寸如下:

1) 腰围:在女西裤样版设计时,需要考虑到人体呼吸、正常运动的舒适性、人体前后腰位差以及面料的质地对穿着女西裤的影响,一般情况腰围放松量取1~3cm,故腰围尺寸=人体净腰围+2cm。

2) 臀围:在女西裤样版设计时,需要考虑到人体臀部是跟随人体运动变化最明显的部位,因下肢运动会对裆部有所牵连,所以宽松量的调节度稍大于裙子,臀围放松量一般取6~12cm,故臀围尺寸=人体臀围+10cm。

3) 裤口围:表示裤口的围度,其尺寸大小受裤型影响。女西裤一般为散裤口,裤口的大小按款式、造型的要求作出适当的选择,不需以实际踝围按比例放大。

4) 裤长:女西裤长度一般为腰节到外踝至脚跗面,或距地面2~3cm的距离。

5）立裆深：以女体腰部至会阴部的垂直距离为依据。

2.女西裤结构解析

女西裤结构图由前片、后片和裤腰等部分结构图组成。

实样女西裤前片由两片对称的前片和斜插袋构成，如图2-3-14。

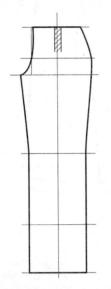

图2-3-14　女西裤前片　　　　图2-3-15　女西裤后片

实样女西裤后身由两片对称的后裤片和后片挖袋构成，如图2-3-15。

对于结构图中裤片的腰、臀、横裆围等围度的分配比例，考虑到两点，第一点是人体的舒适性。当人体静态站立时，上肢自然下垂，手的中指指向人体下肢偏前的部位，人体手的活动区域正在此部位，裤装侧袋设计时，为了使手能伸插自如，裤子侧缝线的的位置也随之确定。因此，裤装围度尺寸便设计成前小后大的形式。第二点是人体体型特征。因为人体臀部相对腹部较丰满、较外凸，为了使侧缝线不偏向后侧，固后裤片的围度比前裤片的围度要大些。所以将侧缝线位置向前移，形成前裤片小，而后裤片大的结构形式。

实样女西裤裤腰为拼腰，其结构图由前腰片和后腰片构成，裤腰搭门量根据腰宽来确定，一般取3～4cm。为了具备不同型号的可穿性，裤腰采用裤襻设计，如图2-3-16。

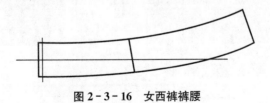

图2-3-16　女西裤裤腰

三、缝型和缝量设计

（一）女西裤缝型结构

女西裤缝型对应成衣的位置图如图2-3-17所示，各位置缝型见图2-3-18。

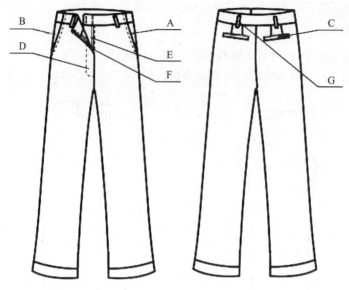

图 2-3-17　女西裤缝型对应成衣位置

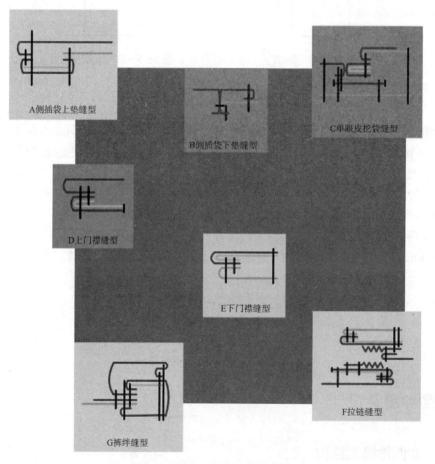

图 2-3-18　女西裤各位置缝型

（二）女西裤缝型和缝量

1. 裤腰

女西裤的裤片绱腰采用的是漏落缝,如图2-3-19。原因:漏落缝一般采用高低压脚缝制,可以形成落差,有效减少孔洞,防止在同一位置的多次穿透造成撕裂。而且漏落缝缝型结实牢固,能够满足裤腰承受女西裤整体受力的要求。

图2-3-19　漏落缝

女西裤的裤腰处缝量设计为0.8cm。原因:由于腰头缝处由于活动频率小,缝量不需要余留过多,并且腰头不宜过宽,在腰处容易导致面料重叠,造成腰面不平,故在腰处只有保持在最小缝量即可,最小缝量=压脚宽(0.5~0.6cm)+放缝(约0.2cm)。

2. 侧边缝

（1）面料

女西裤面料侧边采用的是侧栋缝,如图2-3-20。原因:由于女西裤的面料一般松量较大,所以采用侧栋缝来控制侧面波动量并支撑裤装整体外观结构的稳定。

图2-3-20　面料侧边的侧栋缝

女西裤面料侧边缝量设计为1.5cm。原因:这是根据两个因素决定的,一是缝制后的平服度,二是女西裤的挺括性。通过对面料侧栋缝分析,可以发现相缝面料的缝量一般相等,但考虑到缝合后要分开烫缝量,所以选择1.5cm的缝量来确保女西裤的牢固性。

（2）里料

女西裤里料侧边采用侧栋缝,如图2-3-21。原因:由于女西裤里料相对较轻薄,容易劈裂,故选择相对较牢固的侧栋缝缝型。

图2-3-21　里料侧边的侧栋缝

女西裤里料侧边缝量设计为1cm。原因:通过里料侧栋缝分析,可以发现相缝里料的缝量一般相等,在样版缝量设计时,考虑到裤面的平整度和制作时效率和质量,所以选择1cm的缝量来确保里面料的和谐性。

3. 前中缝

女西裤前中缝分为前开门和前中缝两个部分,是制作工艺最为复杂的部分。

（1）面料

a. 前开门

女西裤前开门采用的是拉链缝，如图2-3-22。原因：女西裤采用的是有形拉链，在缝制时不仅涉及到面料，还有里料和衬料。

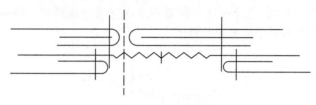

图2-3-22 拉链缝

女西裤前开门涉及到左、右前片，右前片缝量设计为1 cm，左前片缝量设计为2cm。原因：女西裤选择的是有形拉链，版型设计遮挡了开门处的整条拉链，如图2-3-23，故右前片缝量设计为1 cm，相对的左前片缝量设计为2cm。

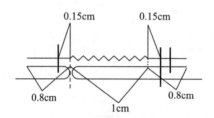

图2-3-23 拉链版型设计

b. 前中缝

女西裤前中缝采用的是平缝，如图2-3-24。原因：确保女西裤前身的平整，与里料很好地相符贴。

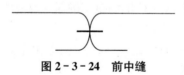

图2-3-24 前中缝

女西裤前中缝缝量设计为1cm。原因：女西裤前中缝没有特别的要求，故选择最便捷的缝量。

（2）里料

女西裤里料前中缝和面料前中缝一样，分为前开门和前中缝两个部分。

a. 前开门

女西裤里料前开门缝型与对应面料相同。原因：里料前开门是同面料前开门缝合的。

女西裤里料前开门缝量设计为1cm。原因：不需要考虑拉链因素，采用简洁的缝量。

b. 前中缝

女西裤里料前中缝采用与对应面料相同的缝型。原因：确保女西裤前身的平整，与面料很好地相符贴。

女西裤里料前中缝缝量设计为 1cm。原因:女西裤里料前中缝没有特别的要求,故选择最便捷的缝量。

4. 省

女西裤省采用的是平缝。原因:确保女西裤前身的平整,与面料很好地相服贴。

女西裤省省迹设计,如图 2 - 3 - 25。

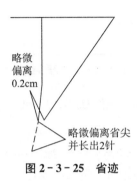

略微偏离 0.2cm

略微偏离省尖并长出2针

图 2 - 3 - 25 省迹

5. 裤脚

(1) 面料

女西裤裤脚采用的缝型是缲缝,如图 2 - 3 - 26。原因:服装中常用的缲缝是扳三角针,它是折边口处理的一种常见针法,在折边处可看到一个个类似于"X"形的线迹,而面料表面仅留下细小的点状线迹。这样可以在不影响外观的情况下,固定住女西裤的裤脚。

图 2 - 3 - 26 缲缝裤脚

女西裤裤脚的缝量设计为 3cm。原因:女西裤前片和后片的裤脚缝量相当于女西裤的连贴边(边口部位里层的翻边称为贴边)。为了增强边口牢度、耐磨度及挺括度,并防止经纬纱线松散脱落及反面外露,选择了中等宽度 3cm 作为女西裤的裤脚缝量。

(2) 里料

女西裤里料裤脚采用的是卷边缝,如图 2 - 2 - 35。原因:维持底边的平整。

女西裤里料的裤脚缝量设计为 1.2cm。原因:根据面料裤脚缝量而设计,确保遮盖住面料裤脚的缝迹。

6. 裤腰片

女西裤裤腰片采用的漏落缝,见图 2 - 3 - 19。原因:裤腰片与裤腰缝合,要保证此处缝合的牢固性和平服性。

女西裤裤腰片缝量设计为 0.8cm 和 1.4cm。原因:女西裤的裤腰片两边缝量需要根据裤身腰缝缝量来设计,取 0.8cm,但由于绱裤腰采用的是漏落缝缝型,裤腰两边的缝量是不同的,裤腰呈现在外侧的一边缝量更多一些,缝量需要增加 0.6cm。

7. 腰头缝(切口缝)

女西裤腰头采用腰头缝,如图2-3-27。原因:腰头缝是用米闭合腰头顶端的缝型。西裤腰头的闭合需要先平缝,通过翻整后,进行清缝,确保位于腰外部的量长于为了腰内侧的量,增加层次感,减少缝口厚度,保持腰面平整。

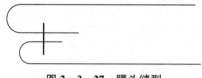

图2-3-27 腰头缝型

女西裤腰头缝量设计为1cm。原因:考虑缝制的方便性。

8. 商标缝

女西裤商标采用的是商标缝,如图2-3-28。原因:女西裤的商标和尺码标是缝在后裤腰内侧,商标缝是用高低压脚缝的,可以确保商标美观,服贴。

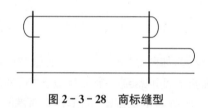

图2-3-28 商标缝型

女西裤商标缝缝量设计为0.1cm 。原因:根据裤子的精细美观而设计的。

9. 吊带缝

女西裤吊带采用平缝,如图2-3-29。原因:吊带设计是为了方便西裤的晾晒和收纳,在使用时需要支撑住整条裤子的重量。在缝制吊带时,采用两次缝制,都采用平缝 ,第一次与裤腰缝合,第二次与裤腰和裤身都进行缝合。

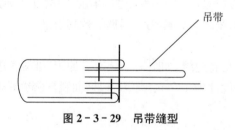

图2-3-29 吊带缝型

女西裤吊带缝量设计为1.4cm。原因:根据吊带缝型和裤腰缝型而设计。

10. 裤襻缝

女西裤裤襻采用的是平缝,如图2-3-30。原因:裤襻没有支撑西裤的作用,在制作时,不需要过多考虑其承重能力,只需要确保其牢固即可。

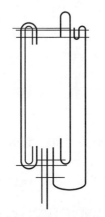

图 2 - 3 - 30 裤襻缝型

女西裤裤襻缝量设计为 1cm。原因:确保固定住裤襻。

11. 侧插袋缝组

女西裤侧插袋布分为上下两块,其中上口袋布与一垫布相缝合,下口袋布连垫布为一块袋片。

其中,上口袋布与垫布采用的是平缝和切口缝,如图 2 - 3 - 32。下口袋布与垫布采用的平缝,如图所示 2 - 3 - 31a。原因:一般情况下,西裤的侧插袋起装饰效果居多,故对于承重能力的要求不高,故采用平缝。切口缝是为增加层次感,减少缝口厚度,保持袋面平整。

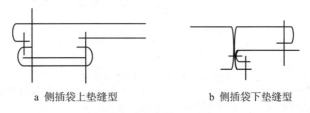

a 侧插袋上垫缝型   b 侧插袋下垫缝型

图 2 - 3 - 31 侧插袋缝组

女西裤侧插袋缝量设计为 1cm。原因:保持西裤前身的平整。

12. 后挖袋缝

女西裤后挖袋采用的是平缝,如图 2 - 3 - 32。原因:一般情况下,西裤的后挖袋起装饰效果居多,故对于承重能力的要求不高。

女西裤后挖袋缝量设计为 1cm。原因:保持西裤后身的平整。

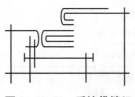

图 2 - 3 - 32 后挖袋缝组

四、中心样版制作解析

（一）样版数量设计

1. 裁剪样版数量设计

女西裤的裁剪样版主要包括前、后身裤片和裤腰的面料样版、里料样版和衬料样版。裁剪样版具体内容见表2-3-1。

2. 工艺样版数量设计

为保证女西裤的制作质量，除必要的裁剪样版外，还需要腰头定型样版、裤口定量样版、腰省和口袋的定位样版等工艺样版。样版具体内容见表2-3-1。

表2-3-1　女西裤样版设计数量

部位名称		结构设计（片）	样版数量（片）		辅配料类型	备注
			裁剪样版	工艺样版		
裤腰	面料	2	前腰 2×1 后腰 1×1	前腰 定型样版2 后腰 定型样版1	商标、裤钩、扣、吊带定位	因腰头为拼腰所以前腰2片，后腰1片
	里料	2	前腰 2×1 后腰 1×1	前腰 定型样版2 后腰 定型样版1		
	衬料	2	前腰 2×1 后腰 1×2			
裤带绊	面料	1	1×6			
前裤片	面料	1	2×1	裤脚定量样版1	里料吊带定位	
	里料	1	2×1			
后裤片	面料	1	2×1	省/挖袋定位样版1 裤脚定量样版1		
	里料	1	2×1			
门襟	面料	1	2×1	门襟定型样版2		
	里料	1	2×1			
	衬料	2	左门襟1×1 右门襟1×1			
前插袋	面料	1	上口袋布1×1 上垫布1×1 下口袋布连垫布1×1		下口袋布缝合定位	
	衬料	1	上垫布1×1			
后开袋	面料	1	上口袋布1×1 上垫布1×1 下口袋布1×1 下垫布1×1			
	衬料	1	后袋嵌线1×1			

(二) 裁剪样版

1. 样版缝量图

(1) 面料

女西裤各面料样版加缝量后样版图如图2-3-33、图2-3-34。

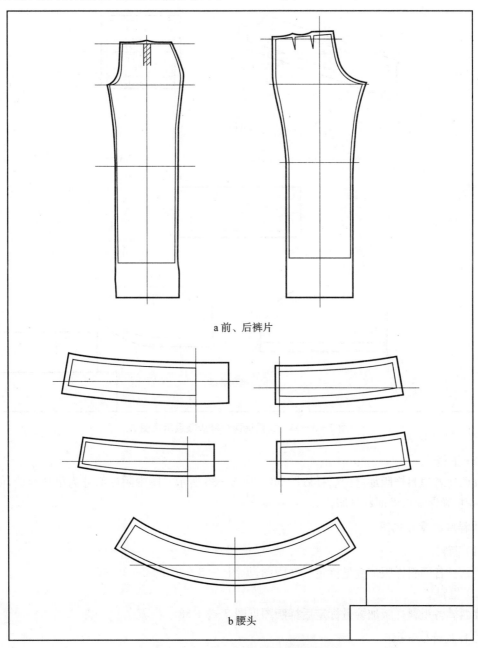

a 前、后裤片

b 腰头

图2-3-33 女西裤面料样版缝量示意图1

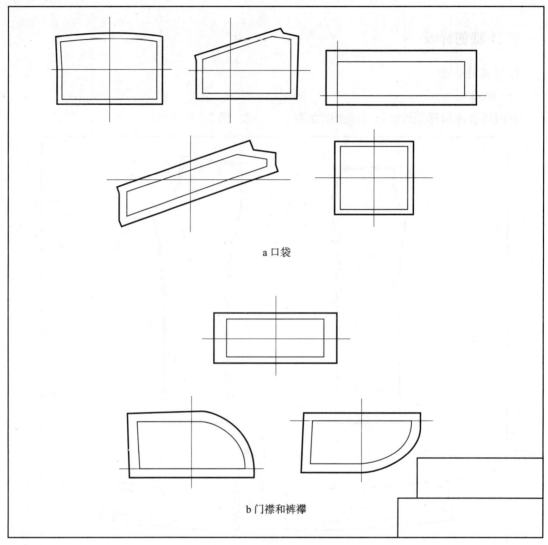

a 口袋

b 门襟和裤襻

图 2 - 3 - 34　女西裤面料样版缝量示意图 2

（2）里料

女西裤各里料样版加缝份后样版图如图 2 - 3 - 35 所示。图中阴影部分为里料容缝，使里料松于面料，确保女西裤面料平服。

2. 样版缝量标定图

（1）面料

女西裤各面料样版加缝量标定后样版图，见图 2 - 3 - 36、图 2 - 3 - 37。

（2）里料

女西裤各里料样版加缝量标定后样版图见图 2 - 3 - 38。

3. 样版对位标识图

（1）面料

女西裤各面料样版加对位标识后样版图见图 2 - 3 - 39 和图 2 - 30 - 40。

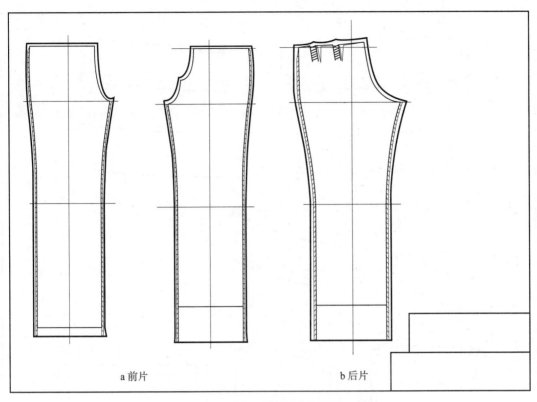

a 前片　　　　　　　　　　b 后片

图 2-3-35　女西裤里料样版缝量示意图

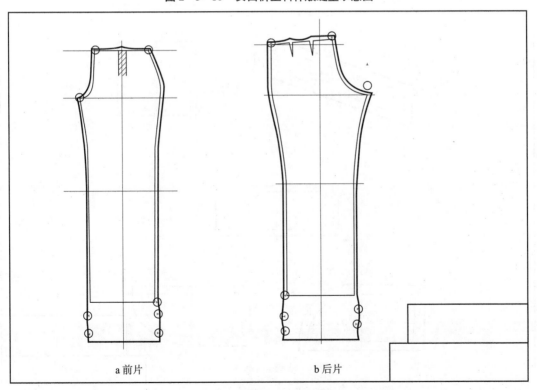

a 前片　　　　　　　　　　b 后片

图 2-3-36　女西裤面料样版缝量标定示意图 1

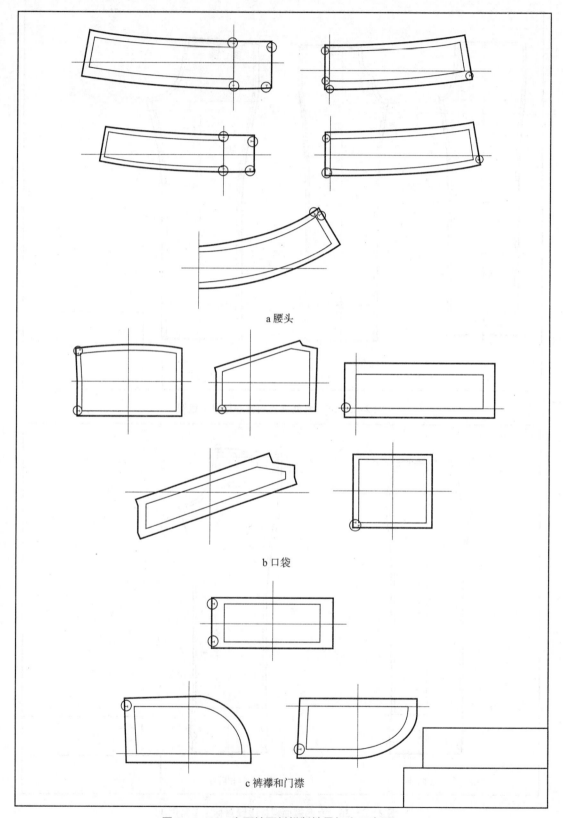

a 腰头

b 口袋

c 裤襻和门襟

图 2 - 3 - 37　女西裤面料样版缝量标定示意图 2

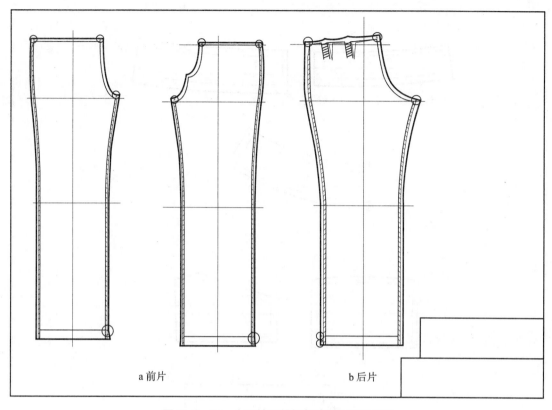

a 前片　　　　　　　　　　b 后片

图 2－3－38　女西裤里料样版缝量标定示意图

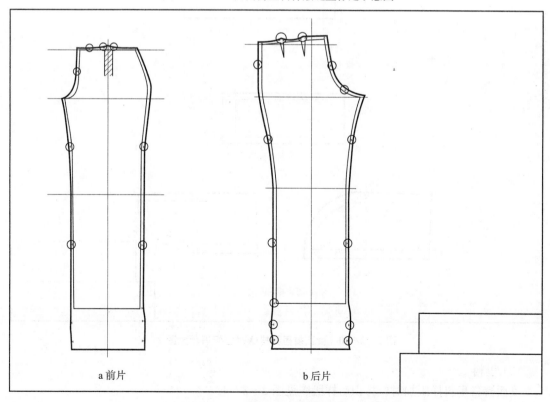

a 前片　　　　　　　　　　b 后片

图 2－3－39　女西裤面料样版对位标识示意图 1

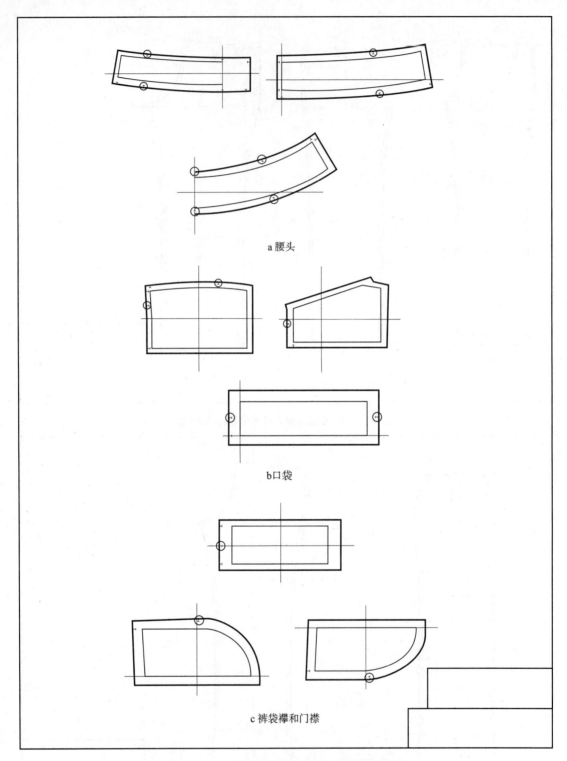

a 腰头

b 口袋

c 裤袋襻和门襟

图 2-3-40 女西裤里料样版对位标识示意图 2

（2）里料

女西裤各里料样版加对位标识后样版图见图 2-3-41。

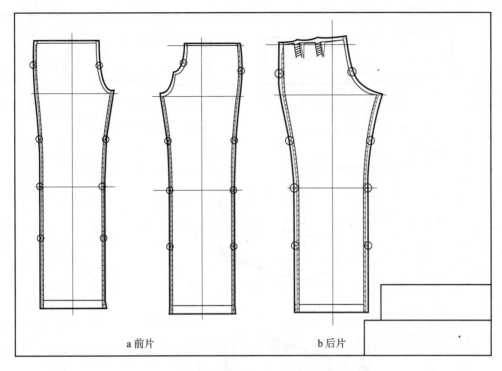

图 2 - 3 - 41　女西裤里料样版对位标识示意图

4.样版符号标识图

（1）面料

女西裤各面料样版加符号标识后样版图见图 2 - 3 - 42 和图 2 - 3 - 43。

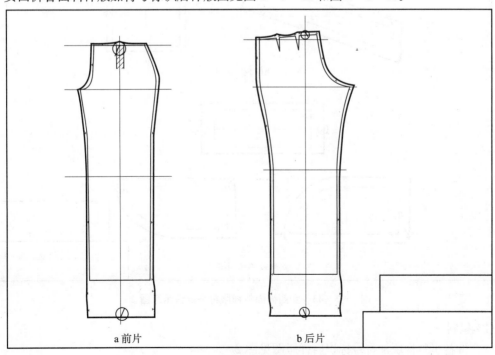

图 2 - 3 - 42　女西裤面料样版符号标识示意图 1

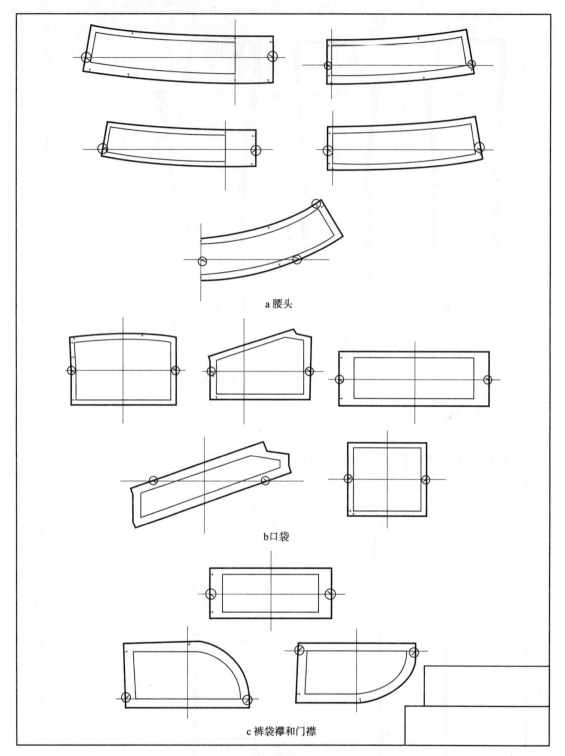

a 腰头

b 口袋

c 裤袋襻和门襟

图 2-3-43　女西裤面料样版符号标识示意图 2

（2）里料

女西裤各里料样版加符号标识后样版图见图 2-3-44。

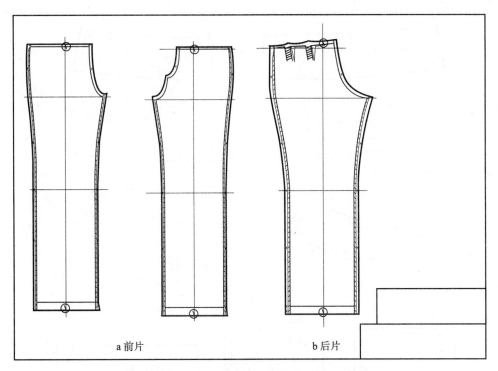

图 2－3－44　女西裤里料样版对位标识示意图

5. 样版文字标定图

（1）面料

女西裤各面料样版加文字标定后样版图见图 2－3－45、图 2－3－46。

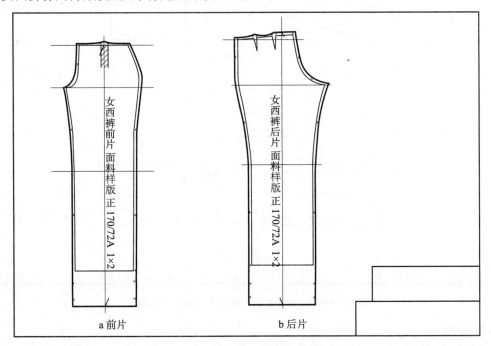

a 前片　　　　　　b 后片

图 2－3－45　女西裤面料样版文字标定示意图 1

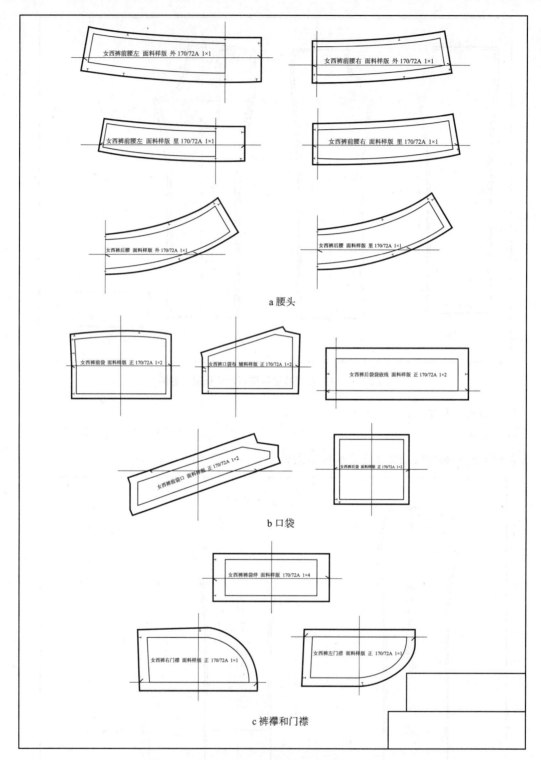

a 腰头

b 口袋

c 裤襻和门襟

图 2-3-46　女西裤面料样版文字标定示意图 2

（2）里料

女西裤各里料样版加文字标定后样版图见图 2-3-47。

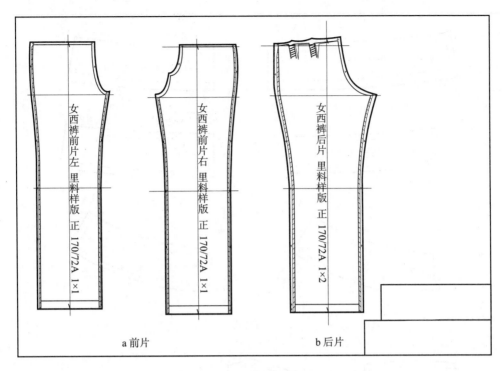

图 2-3-47 女西裤里料样版文字标定示意图

6. 样版完成图

（1）面料

女西裤各面料样版完成图见图 2-3-48、图 2-3-49。

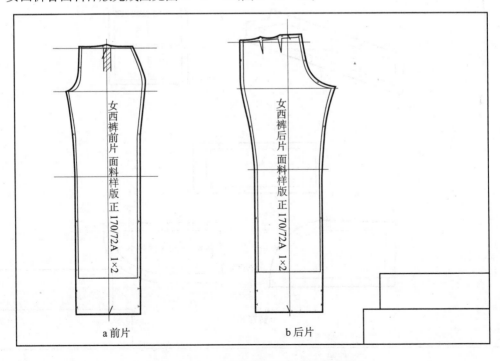

图 2-3-48 女西裤面料样版完成示意图 1

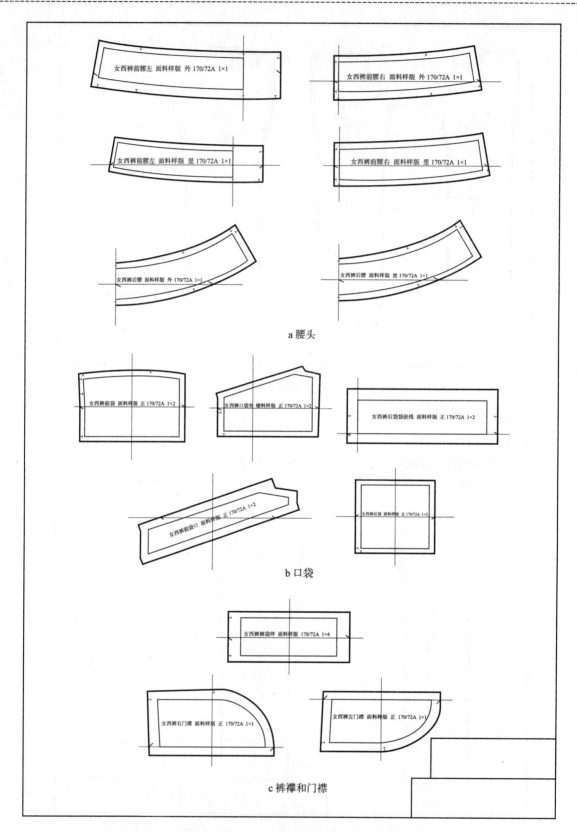

女西裤前腰左 面料样版 外 170/72A 1×1

女西裤前腰右 面料样版 外 170/72A 1×1

女西裤前腰左 面料样版 里 170/72A 1×1

女西裤前腰右 面料样版 里 170/72A 1×1

女西裤后腰 面料样版 外 170/72A 1×1

女西裤后腰 面料样版 里 170/72A 1×1

a 腰头

女西裤前袋 面料样版 正 170/72A 1×2

女西裤口袋袋布 辅料样版 正 170/72A 1×2

女西裤后袋袋嵌线 面料样版 正 170/72A 1×2

女西裤前袋口 面料样版 正 170/72A 1×2

女西裤后袋 面料样版 正 170/72A 1×2

b 口袋

女西裤裤袢 面料样版 170/72A 1×4

女西裤右门襟 面料样版 正 170/72A 1×1

女西裤左门襟 面料样版 正 170/72A 1×1

c 裤襻和门襟

图 2 - 3 - 49　女西裤面料样版完成示意图 2

（2）里料

女西裤各里料样版完成图见图 2-3-50。

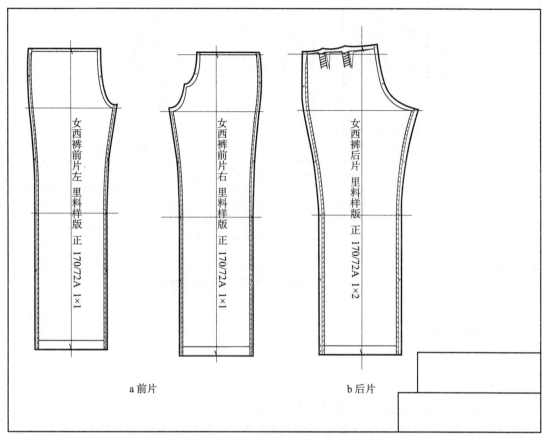

图 2-3-50　女西裤里料样版完成示意图

（3）衬料

女西裤各衬料样版完成图见图 2-3-51 和图 2-3-52。

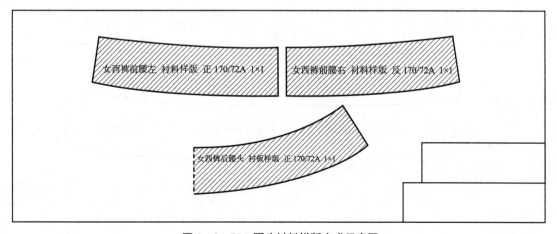

图 2-3-51　腰头衬料样版完成示意图

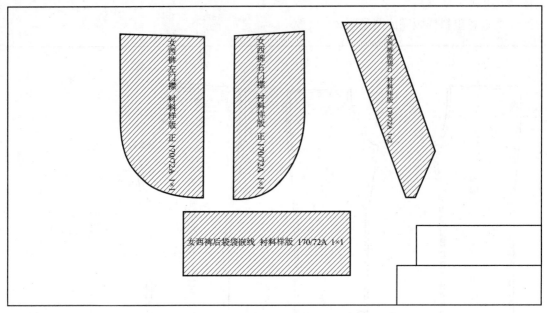

图 2-3-52 门襟和口袋衬料样版完成示意图

(三) 工艺样版

1. 定型样版

(1) 腰头定型样版

因女西裤为拼接腰头且采用漏落缝,所以要保证裤腰形状一致,需要 6 片定型样版,其中前腰头面料、里料定型样版各 2 片;后腰头面料、里料定型样版各 1 片,如图 2-3-53a 所示。

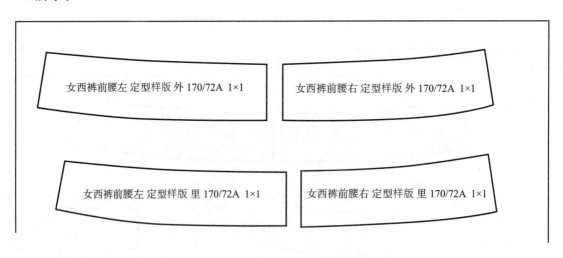

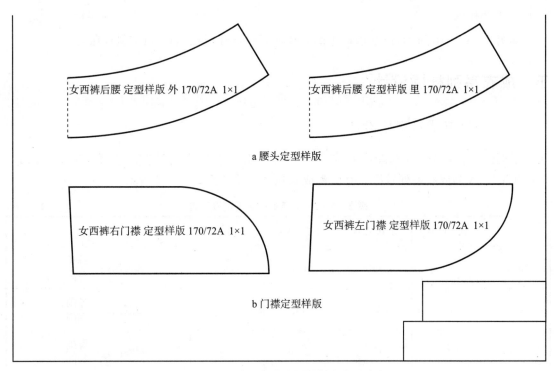

图 2 - 3 - 53　女西裤定型样版完成示意图

（2）门襟定型样版

门襟定型样版包括左、右门襟定型样版，如图 2 - 3 - 53b 所示。

2. 定位样版

女西裤后片腰省定位样版如图 2 - 3 - 54a 所示。

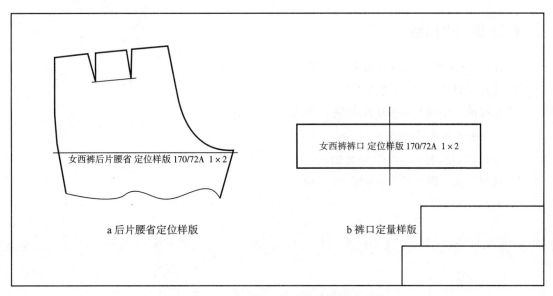

图 2 - 3 - 54　女西裤定位定量样版完成示意图

3. 定量样版

如图 2-3-54b 所示,以女西裤中的后片样版为基础,制作的裤口定量样版。

五、成衣系列样版设计

(一) 女西裤成衣规格设计

根据国家标准号型,选择中间体 165/70A 为女西裤的中间号型。选择 160/68A,165/70A,170/72A 为成衣系列号型。女西裤成衣规格设计如表 2-3-2 所示。

表 2-3-2 女西裤成衣规格设计表 单位:cm

	165/68A	170/72A	175/74A	档差	计算公式
裤长	99	102	105	3	裤长档差 = $\frac{裤长}{身高} \times 5$
腰围	70	72	74	2	腰围档差 = $\frac{腰围}{胸围} \times 4$
臀围	100.2	102	103.8	1.8	臀围档差 = $\frac{臀围}{胸围} \times 4$
立裆深	17.5	18	18.5	0.5	立裆深档差 = $\frac{立裆深}{身高} \times 5$
裤口	42.8	44	45.2	1.2	裤口档差 = $\frac{裤口}{胸围} \times 4$

注:裤长中包含腰头尺寸 4cm;
表中各规格尺寸均未考虑缩率因素。

(二) 建立坐标系

1. 前、后裤片坐标系选择(图 2-3-55)

1) 选择横裆线为前、后裤片 X 轴;

2) 选择前裤中线和后裤中线分别为前、后裤片 Y 轴。

2. 腰头坐标系选择(图 2-3-56)

1) 选择腰头的水平一边作为 X 轴;

2) 选择腰头一端的垂直方向作为 Y 轴。

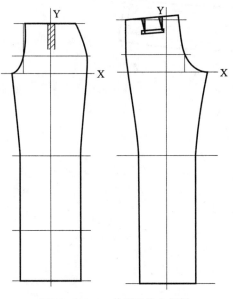

图 2 - 3 - 55 前后裤片坐标系

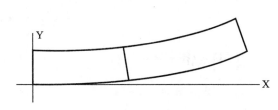

图 2 - 3 - 56 腰头坐标系

（三）确定推档点

确定女西裤前、后裤片和裤腰片的推档点，并用字母表示，如图 2 - 3 - 57~图 2 - 3 - 59 所示。

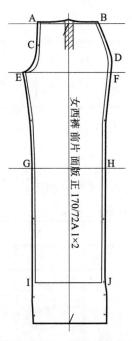

图 2 - 3 - 57 前裤片推档点

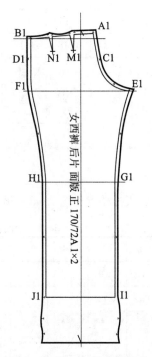

图 2 - 3 - 58 后裤片推档点

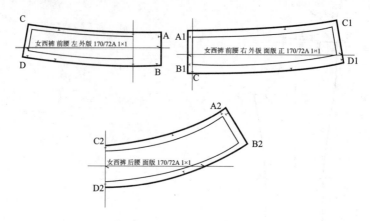

图 2-3-59　腰头推档点

(四) 点推档

1. 前片点推档

因女西裤的左、右前片样版只在门襟拉链处略有不同,而且尺寸差异很小,对应推档点的档差值相同,故以左前片为例,前片样版推档点见图 2-3-57,利用公式法或比例法计算后片面料样版各点推档值,如表 2-3-3 所示。

表 2-3-3　女西裤前片面料样版推档值数据表　　　　　　　　单位:cm

推档点	A	B	C	D	E	F	G	H	I	J
X 推档值	−0.25	0.25	−0.18	0.27	−0.27	0.27	−0.31	0.31	−0.31	0.31
Y 推档值	0.53	0.53	0.18	0.18	0	0	−1.15	−1.15	−2.47	−2.47
推档方向										

注:小档宽 = H/20−1;
前片里料样版各点档差值与其面料样版对应点档差值相同。

2. 后片点推档

女西裤后片样版推档点见图 2-3-58,各点推档值如表 2-3-5 所示。

表 2-3-5　女西裤后片面料样版推档值数据表　　　　　　　　单位:cm

推档点	A1	B1	C1	D1	E1	F1	G1	H1	I1	J1	M1	N1	O1,P1	Q1,R1
X 推档值	0.09	−0.41	0.09	−0.36	0.32	−0.32	0.31	−0.31	0.31	−0.31	−0.24	−0.07	0.24	0.07
Y 推档值	0.53	0.53	0.18	0.18	0	0	−1.15	−1.15	−2.47	−2.47	0.42	0.42	0.42	0.42
推档方向														

注:烫迹线在臀围线上距离侧缝 H/5−1;大档宽 = H/10,省长为 4cm;
后片里料样版各点档差值与其面料样版对应点档差值相同。

3. 腰头点推档

女西裤腰头只有长度方向上的变化,其变化量与腰围档差值相同,等于2cm。本款女西裤左、右前腰头各分割为两部分,所以左、右前腰围横档差各0.25cm。后腰头是对称片在后中线位置水平增加或减少0.5cm的档差量。

腰头样版推档点见图2-3-59,各点推档值如表2-3-6所示。

表2-3-6 女西裤腰头面料样版推档值数据表 单位:cm

推档点	A	B	A1	B1	C2	D2	C,D,C1,D1,A2,B2
X推档值	0.25	0.25	0.25	0.25	0.5	0.5	0
Y推档值	0	0	0	0	0	0	0
推档方向	→0.25	→0.25	→0.25	→0.25	→0.5	→0.5	0

腰头里料样版各点档差值与其面料样版对应点档差值相同。

(五) 成衣系列样版

利用服装CAD中的放码功能,将各样版的放码量输入计算机中,生成各系列样版,见图(图2-3-60、图2-3-61)。

1. 面料系列样版

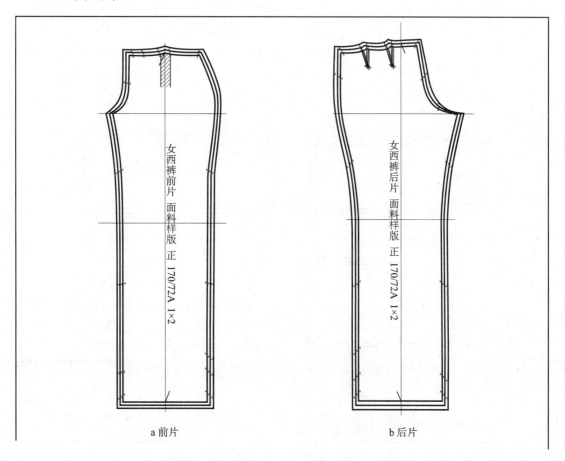

a 前片　　　　　　　　　　　　b 后片

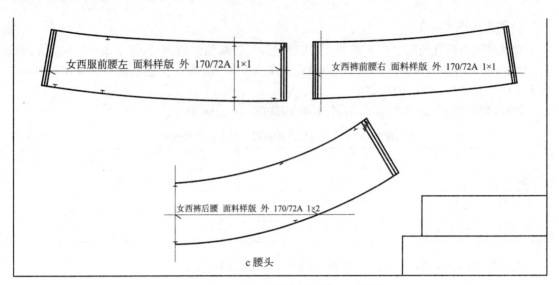

图 2-3-60　女西裤前后片面料系列样版

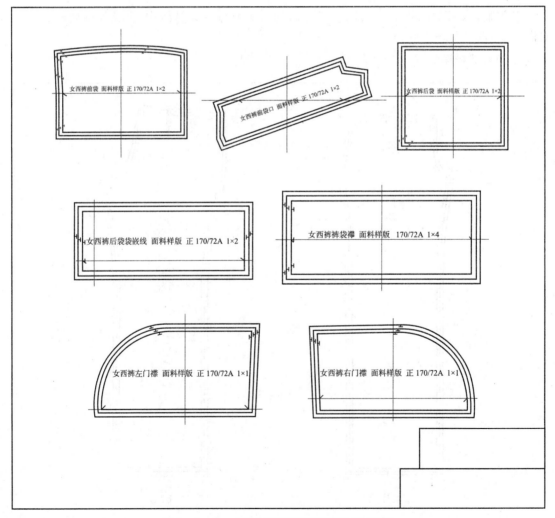

图 2-3-61　女西裤门襟和口袋面料系列样版

2. 里料系列样版

1) 前后片（图 2 - 3 - 62）

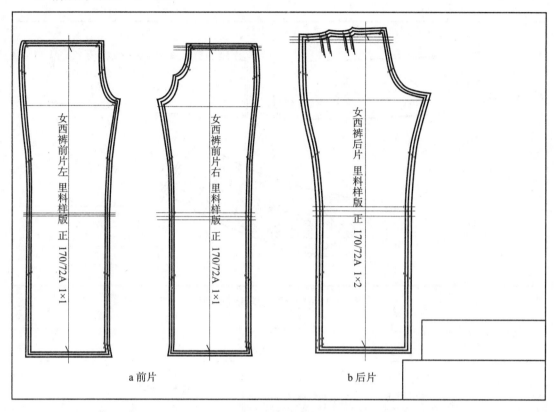

女西裤前片左 里料样版 正 170/72A 1×1

女西裤前片右 里料样版 正 170/72A 1×1

女西裤后片 里料样版 正 170/72A 1×2

a 前片

b 后片

图 2 - 3 - 62 裤片里料系列样版

2) 腰头（图 2 - 3 - 63）

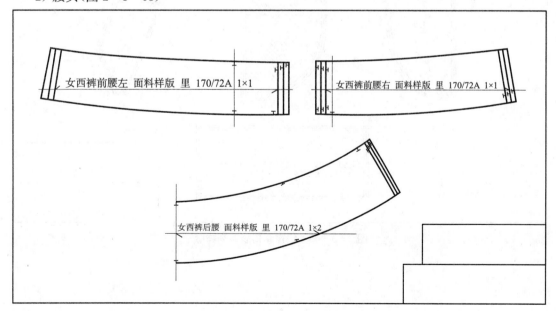

女西裤前腰左 面料样版 里 170/72A 1×1

女西裤前腰右 面料样版 里 170/72A 1×1

女西裤后腰 面料样版 里 170/72A 1×2

图 2 - 3 - 63 腰头里料系列样版

3. 衬料系列样版

1) 腰头(2-3-64)

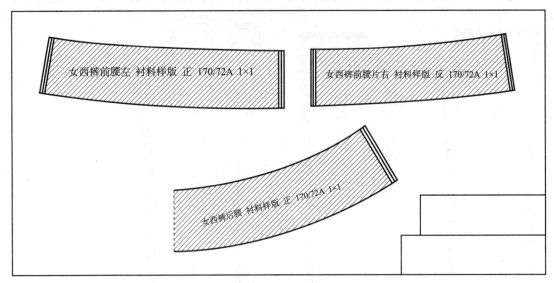

图 2-3-64 腰头衬料系列样版

2) 门襟和口袋(图 2-3-65)

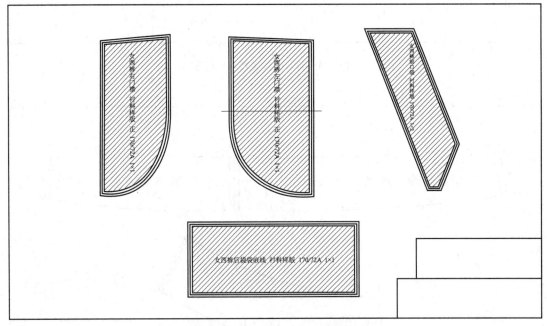

图 2-3-65 门襟和口袋系列样版

第三章　上装成衣工艺及样版

第一节　上体体型特点与着装关系

一、上体特征

（一）上体特点

1. 女体特点

对于七头高比例的女体，上身和下身的比例是 3∶4，下身一般以膝盖部位为中心线，上下长度近似相等。在人体正面投影中，女上体以颈围和胸围处为分界，整体由一个梯形和一个倒梯形组成，如图 3-1-1；在侧面投影中，女上体都处于胸凸最显著点竖直垂线和背凸最显著点竖直垂线之间，整体呈现一个 S 形状，如图 3-1-2。

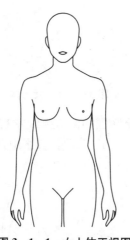

图 3-1-1　女上体正视图

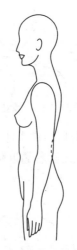

图 3-1-2　女上体侧视图

2. 男女体差异

对于七头高比例的男体，上身和下身的比例是 3∶4，上身一般是根据头部长度，颏底至两乳头连线，两乳头连线至脐孔这三段部分来确定的。在正面投影中，男性肩宽，胸廓体积大，骨盆窄而薄，整体呈现为一个倒梯形，如图 3-1-3；在侧面投影中，男性外形起伏不平，而整体平直呈"筒型"，如图 3-1-4。

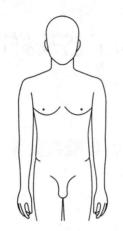 

图 3-1-3　男上体正视图　　　　　图 3-1-4　男上体侧视图

(二) 上体局部特征

1. 女体特征

(1) 颈部特征：在人体正面投影中，颈部位左右两侧对称，颈围线是一条水平线，如图 3-1-5；侧投影中，颈围线不是一条水平线，前颈点低于后颈点，如图 3-1-6。

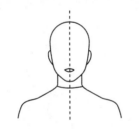 

图 3-1-5　女上体颈部正面　　　　图 3-1-6　女上体颈部侧面

(2) 颈围至胸围部位：在人体正面投影中，颈围至胸围的侧体弧线左右对称，颈围线侧点至胸围线侧点的弧线弧度随着靠近胸围线而降低，如图 3-1-7；侧面投影中，前胸凸高点高于前颈凸最大点，如图 3-1-8。

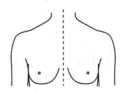

图 3-1-7　女上体颈围至胸围部正面　　图 3-1-8　女上体颈围至胸围部侧面

(3) 胸围线以下部位：在人体正面投影中，胸围线以下的侧体弧线左右对称，并且呈现先内收后扩张的状态，如图 3-1-9；侧面投影中，前胸围线至腰围线部呈现前内收后扩张的弧形，后胸围线至腰围线呈现内收的弧形，如图 3-1-10。

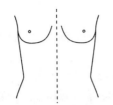

图 3-1-9 女上体胸围以下正面　　　　图 3-1-10 女上体胸围以下侧面

2. 男体与女体差异

（1）颈部特征：与女体相比，男颈较粗，正面略宽于女颈，其横截面略成桃形；女性颈部较细且显长，其横截面略呈扁圆形，如图 3-1-11。

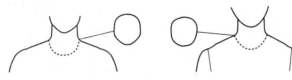

图 3-1-11 颈部正面

（2）颈围至胸围部位：与女体相比，从宽度上男体因胸廓宽大，胸肌、背肌及三角肌强健发达，故胸围尺寸较大，两肩端横距比女体宽。从厚度上男体因颈肌、肩肌、胸肌、背肌都较强壮发达，因此比女体厚实粗壮。女性背部较窄，体表较圆厚。

（3）胸围线以下部位：与女体相比，男体从宽度上背幅、腰宽都比女体宽，臀围较小，髋部较女体平而窄，呈上宽、下窄的扇面形体型。从厚度上男子腹部扁平，侧腰较女性宽直；腰位较低，腰节长较大，腹平臀缓，髋狭而平。

总体比例来看女体较男体浑厚丰满，并略呈下厚与上薄，具有轮廓圆润，曲线明显的特点。男体则相对扁薄挺拔，并呈现上厚下薄 曲线较缓的特点。男性体型的这些特征，就是男上装造型的基础依据，如图 3-1-12。

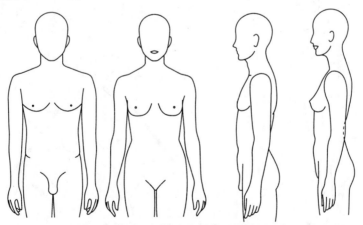

图 3-1-12 男女体型正面、侧面对比图

（三）上体尺寸测量

与上装相关的人体主要部位尺寸及其测量方法如下：

（1）颈围

人体颈围尺寸包括颈根围、最小颈围和衬衫围。因本章节的服装款式涉及到的颈部尺寸为衬衫围,故仅对其定义和测量操作方法加以介绍。

定义:用软尺于喉结下方,经第七颈椎点处测量的颈围长。

测量操作:测量者站在被测者的侧边,经第七颈椎点处测量的颈围长,确保软尺垂直于颈斜,如图3-1-13。

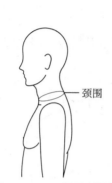

图3-1-13　颈围测量操作

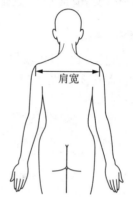

图3-1-14　肩宽测量操作

（2）肩宽

定义:左右肩峰点之间的水平弧线距离。

测量操作:被测者手臂自然下垂,测量者站在被测者的后边,用软尺测量左右肩端点间的水平弧长,如图3-1-14。

（3）胸围

定义:被测者直立,正常呼吸,用软尺经肩胛骨、腋窝和乳头测量的最大水平围长。

测量操作:测量者站在被测者的侧边,视线与胸高线基本平齐。用软尺环绕被测者的胸高点一周,并微调软尺,确保软尺前后在同一水平线上,如图3-1-15所示。

图3-1-15　胸围测量操作

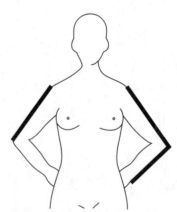

图3-1-16　袖长测量操作图

（4）臂长

定义:自肩峰点经桡骨点(肘部)至尺骨茎突点(腕部)的长度。

测量操作:被测者右手握拳放在臀部,手臂弯曲成90°。测量者用软尺测量肩端点经桡骨点

(肘部)至尺骨茎突点(腕部)的长度,如图3-1-16。

(5) 衣长(背长＋常量C)

男衬衫衣长定义:软尺测量自第七颈椎点沿脊柱曲线至腰际线向下一个定长(根据款式而定)的曲线长度。

西便装衣长定义:软尺测量自第七颈椎点沿脊柱曲线至腰际线向下一个定长(根据款式而定)的曲线长度。

测量操作:测量者站在被测者的后边,用软尺测量自第七颈椎点沿脊柱曲线至腰围线向下一定量的长度,如图3-1-17。

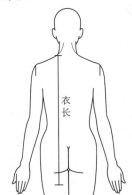

图3-1-17　衣长测量操作图

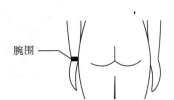

图3-1-18　腕围测量示意图

(6) 手踝围(腕围)

定义:测量腕骨部位围长。

测量操作:被测者手臂自然下垂,测量腕骨部位围长。测量方法见图3-1-18所示。

二、上装与体型关系

(一) 男衬衫与体型关系

男衬衫款式可分为常规款、职业款、商务款和修身款等四种类型。本书介绍的男衬衫款式为常规款。其在人体着装后与男上体之间的关系见图3-1-19和图3-1-20。

图3-1-1 9　着装正面衣与男上体关系

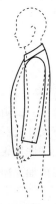

图3-1-20　着装侧面衣与男上体关系

如图3-1-19、图3-1-20所示,在人体的颈部至肩部,男衬衫与人体贴合性较好,为方便穿着,需在衬衫前身采用开门襟方式,在袖口采用袖育克处理;男衬衫从肩部至衣摆部分呈直线形。

1. 颈部

在男衬衫常规款样版设计时,需要根据颈部造型位置,确定领子或领口款式的设计。衬衫领与人体颈部的关系如图3-1-21c所示。领与人体的多种位置搭配:翻领,如图3-1-21a;立领,如图3-1-21b。

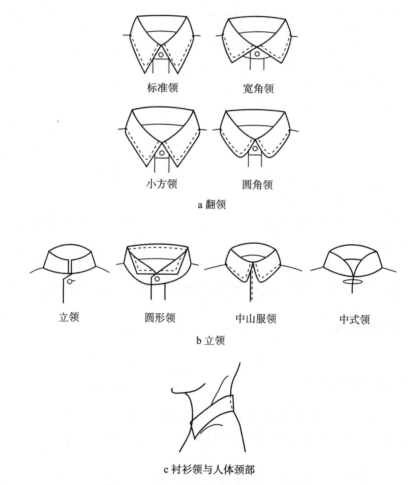

标准领　　　　　宽角领

小方领　　　　　圆角领

a 翻领

立领　　　圆形领　　　中山服领　　　中式领

b 立领

c 衬衫领与人体颈部

图3-1-21　衬衫领与人体颈部位置搭配

2. 颈围至胸围部位

男衬衫样版设计时,在颈围至胸围部位主要考虑颈部围度、肩部宽度和胸部围度的合体性。特别是在肩部的育克设计,在设计时肩线前移将男子肩部显得更为浑厚,见图3-1-22a;肩部的育克分割线一般与袖子连接,进而在视觉上增加肩部的宽度,见图3-1-22b;背部育克的横向分割线会将男性彰显得更加伟岸和阳刚,如图3-1-22c。

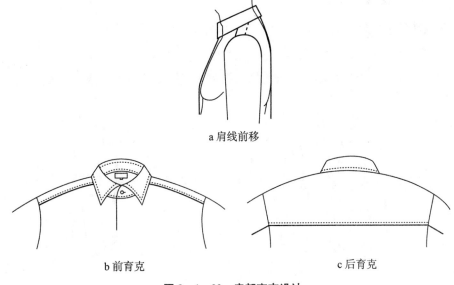

a 肩线前移

b 前育克   c 后育克

图 3 - 1 - 22 肩部育克设计

3. 胸围线以下部位

男衬衫的常规款廓型基本上已形成一定的规范和格式,多为端庄合体的 H 型。所以在男衬衫样版设计时,根据款式需要在样版的胸围线以下部分,有时进行收腰省处理,有时不进行收腰省处理,如图 3 - 1 - 23 所示。

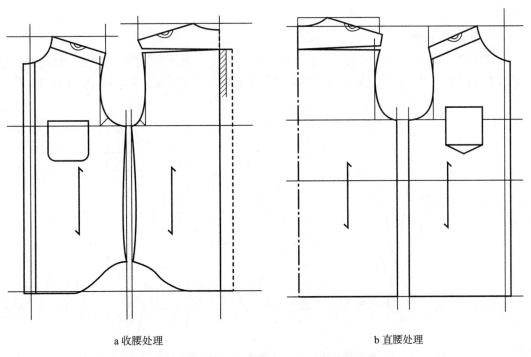

a 收腰处理   b 直腰处理

图 3 - 1 - 23 衬衫腰省处理的关系

（二）女西便装与体型关系

女上体与西便装的着装关系见图 3-1-24 和图 3-1-25。

 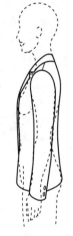

图 3-1-24　着装正面衣与女上体关系　　　图 3-1-25　着装侧面衣与女上体关系

如图 3-1-24、图 3-1-25 所示，在人体肩部，西便装与人体贴合性好；在人体胸部至腰部，通过胸省和腰省等处理来适应女体体型，突显女性曲线美；为方便穿着，在门襟处采用一粒扣等方式。

1. 颈部

在女西便装样版设计时，需要根据颈部造型位置，确定领子或领口款式的设计。西便装与人体颈部的位置搭配如图 3-1-26。

2. 颈围至胸围部位

在女西便装样版设计时，肩省是由于肩凸导致的，女上体颈围至胸围部位的肩部凸度是需要考虑的主要问题。西便装后片肩部省道的处理需要根据肩凸的明显度来取值，如图 3-1-27。

 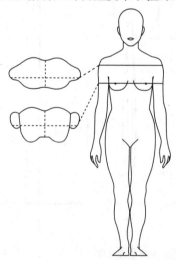

翻驳领

图 3-1-26　翻驳领　　　图 3-1-27　肩部截面图和胸部截面图

3. 胸围线以下部位

在女西便装样版设计时,需要根据西便装款式确定胸省量和腰省量。对于西便装与人体的搭配,如图 3-1-28 所示,当西便装贴近人体时,胸省和腰省要适当的增加,至少要贴合着胸围线至胯部位侧体弧形;当西便装远离人体时,胸省和腰省要适当的减小。

图 3-1-28　胸省与人体的关系

第二节　男衬衫工艺及样版

一、男衬衫工艺解析

(一) 款式对应工艺

1. 男衬衫款式特征

男衬衫显示男性的气质与风采,成为男装中不可或缺的组成部分,也是男子一年四季必备的服装。常规款式男衬衫一般与西装和西裤配套使用,适用于比较正式的办公场所和日常社交活动穿着。它的主要特点为:外轮廓主要以 H 型为主;企领、肩育克、对开襟、单片圆装袖、袖克夫加剑式袖衩。领子为了达到与颈部体型特点相吻合的要求,领型采用领座与翻领断开的结构设计。肩部的过肩设计是正装衬衫的基本特征,造型基本保持不变,只是宽窄随设计流行因素变化。前中门襟分为明门襟与暗门襟两种类型,门襟上一般有六粒有效钮扣,由于常规款衬衫的穿着严谨,第一粒与第二粒扣位之间的间隙不宜过大,左前胸有一明贴袋。袖片为低袖山一片袖,袖口有褶裥,宝剑头袖衩,袖口装有袖排,见图 3-2-1 和图 3-2-2。

图 3-2-1　男衬衫款式正视图　　　　图 3-2-2　男衬衫款式后视图

2. 对应部件工艺

（1）领子

领子的造型与衬衫的风格有关，男式衬衫领是由立领和翻领两部分组成，又称立翻领。当装领线上口较短时，就会形成靠近颈部的轻便式领型，但当后领中心抬高量变化大时，即使领座靠近颈部，也会形成平翻领外形。另外，面料的厚薄对领型的影响也很大，根据面料厚度的不同，在翻领线下口需要加入 0.3~0.5cm 的量，使翻领宽度加大。

为了维持衬衫的领型，在设计制作衬衫领时，一般采用三层衬形式，分别为领面衬、领角衬和领尖衬贴。

（2）衣身

一般情况下衬衫前片较有讲究的是门襟的制作，如果在制作时门襟是布的净边，则不需要采用贴门襟，而且门襟重叠的部位不需要缝合，通过钮扣的扣眼来固定，如图 3-2-3 所示；如果不是布的净边，则通过贴边来处理，这样既充当了包边的作用，又看起来美观，如图 3-2-4 所示。

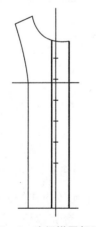
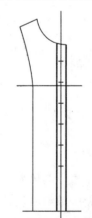

图 3-2-3　连门襟局部示意图　　　　图 3-2-4　贴门襟局部示意图

衬衫后身制作时要注意育克的丝缕方向，它和大身的丝缕方向是相反的。为了避免大幅度活动时衬衫损坏，所以设计时，一般在后身中心采用活褶处理，如图 3-2-5。

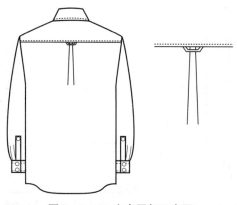

图 3-2-5　育克局部示意图

（3）衬衫袖

男衬衫的袖部最讲究的是袖口处理，袖克夫的丝缕方向与袖身的丝缕方向相反。为了方便调节袖口的活动量，一般在袖口处设计两个钮扣，并且为了袖衩的整洁美观，在袖衩的中间部位增加了一个钮扣，如图 3-2-6。

（4）黏衬

男衬衫在领子、门襟和袖头等三个部位需要用黏合衬来增加其保型性。

领衬为领片的净样版，制作时需要注意领衬在领面和领座的黏贴位置，确保在完成的领子正面能摸到领衬，维持领子的挺括平整，如图 3-2-7。

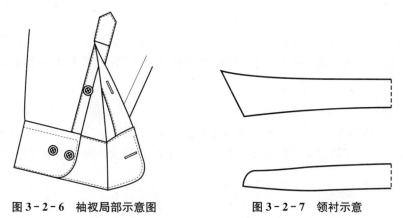

图 3-2-6　袖衩局部示意图　　　　图 3-2-7　领衬示意

门襟衬黏贴在衬衫前身的门襟处。制作时需要注意门襟衬在前身左片和右片门襟处的黏贴位置，确保完成的门襟挺括平整，如图 3-2-8。

袖头衬在制作时需要注意衬在袖克夫的黏贴位置，确保在完成的袖头正面能摸到袖衬，维持袖子的挺括平整，如图 3-2-9。

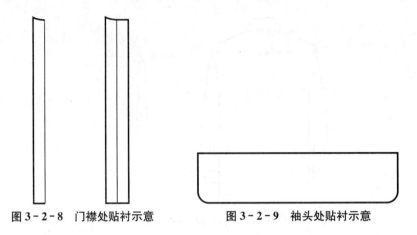

图 3-2-8　门襟处贴衬示意　　　　图 3-2-9　袖头处贴衬示意

（二）款式对应面料

衬衫作为贴身穿着的内衣，一般选用吸湿透气、柔软舒适的面料。薄型纯棉与棉型化纤平纹织物是最为常用的衬衫面料。适合男衬衫的面料有全棉或涤棉混纺平布、府绸、麻纱、色织条格布及真丝或纺真丝的纺类、绉类织物等。商务类男衬衫更注重穿着的舒适性、透气性以及服装的挺括性和品质，故多采用纯棉、涤棉、混纺、羊毛和真丝等面料。

（三）款式对应功能

男衬衫的功能设计主要涉及到穿脱性、稳定性和挺括性等方面。

1. 开门襟设计

一般情况，人体的颈围小于人体的头部围度，为了穿脱的方便性，必须考虑围度的不同对衬衫款式的影响，故在设计时，采用了前门襟，通过钮扣来控制衬衫与人体的包裹程度，如图3-2-10。

2. 袖克夫设计

一般情况，人体的腕围小于臂围，而在穿着衬衫时，腕部需要一定的活动量，故袖口设计时都比腕围大很多。但为了体现穿着的整体合身，在制作时会通过设计袖克夫来维持袖口的造型，如图 3-2-11。

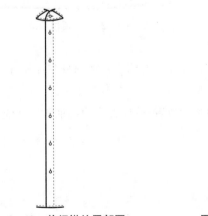

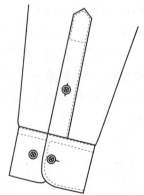

图 3-2-10　前门襟处局部图　　　　图 3-2-11　袖克夫处局部图

3. 育克设计

为了体现男性胸襟宽广,后片中加入双层横育克的设计,增加穿着的挺括感,如图3-2-12所示。

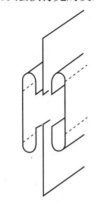

图 3-2-12 后背育克局部图

二、男衬衫基础纸样

1. 男衬衫纸样尺寸

结合传统款式男衬衫的款式特点,分析其主要控制部位由颈围、胸围、肩宽、袖长、袖口围和衣长等部位组成。各部位纸样尺寸获取如下:

1) 颈围:影响衬衫领部造型和与人体颈部的合体性,在男衬衫样版设计时,考虑到人体的呼吸以及颈部活动的舒适性,男衬衫的松量为1~2cm,故颈围尺寸＝人体净颈围+1~2cm。

2) 胸围:在男衬衫样版设计时,需要考虑到人体呼吸、正常运动的舒适性,男衬衫的松量为20cm,故胸围尺寸＝人体净胸围+20cm。

3) 肩宽:在男衬衫样版设计时,根据款式特点,肩宽的松量为2~3cm,故肩宽尺寸＝人体净肩宽+2~3cm。

4) 衣长:在男衬衫样版设计时,根据男衬衫款式特点对衣长进行设计。故衬衫的长度＝人体背长+常量。

5) 袖长:在男衬衫样版设计时,考虑到人体正常运动的舒适性及服装款式特点,男衬衫全臂长的松量为2~4cm。故袖长尺寸＝人体臂长+2~4cm。

6) 袖口围:在男衬衫样版设计时,其尺寸的大小一般根据人体手踝围尺寸而定。故袖口围尺寸＝人体手踝围+3~4cm。

2. 男衬衫结构解析

男衬衫由前身、后身、领子和袖子等四部分结构组成。

实样男衬衫前身由两片前片构成;左前片由门襟贴边和衣片构成,右前片为连门襟衣片,如图3-2-13。

实样男衬衫后身由育克和后片构成,如图3-2-14。一般在胸围松量小于20cm的款式中,在后片中心处要设计一定量的褶裥,为人体上肢运动提供松量,本实样中后片没有设计褶裥,原因是实样的胸围松量等于20cm,款式宽松,无需增加人体运动松量,故没有设计褶裥。

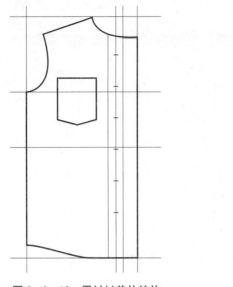

图 3 - 2 - 13　男衬衫前片结构

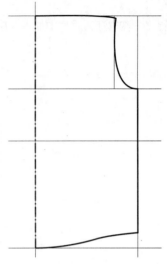

图 3 - 2 - 14　男衬衫后片结构

实样男衬衫的领子是由领和领座两片领片构成,如图 3 - 2 - 15。

实样男衬衫的袖子是由袖片和袖克夫构成的,如图 3 - 2 - 16。

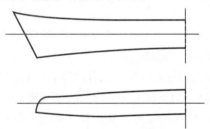

图 3 - 2 - 15　领身和领座结构图

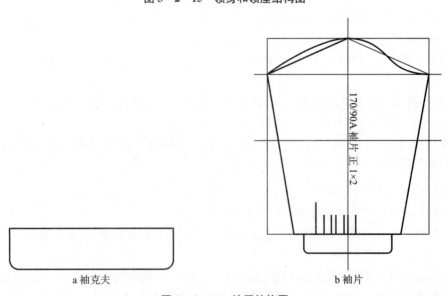

a 袖克夫　　　　　　　　　　　b 袖片

图 3 - 2 - 16　袖子结构图

三、缝型和缝量设计

（一）男衬衫缝型结构

男衬衫缝型对应成衣的位置图如图 3-2-17 所示，各位置缝型见图 3-2-18。

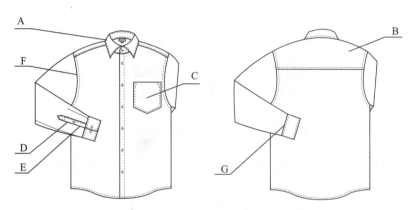

图 3-2-17　男衬衫缝型对应成衣的位置图

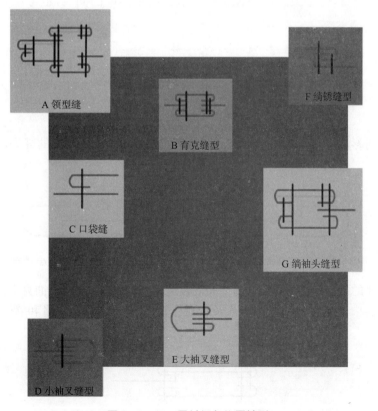

图 3-2-18　男衬衫各位置缝型

（二）男衬衫缝型和缝量

1. 领部

衬衫领部采用的是由多层平缝组合起来的混合缝型,如图 3-2-19。衬衫领的造型好坏直接影响着衬衫的品味,可是它的组合衣片又比较多,所以考虑到缝合质量和缝合的效率,采用了图 3-2-19 的混合缝型。

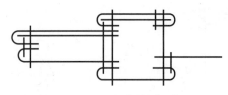

图 3-2-19　领子缝型示意图

衬衫领的缝量设计为 1cm。原因:领部的制作步骤比较多,故采用这种最为简单的缝量。

2. 衬衫袖

绱袖采用的是绱袖缝,如图 3-2-20。这里绱袖没有采用最简单的平缝,而是选择了如图 3-2-20 所示的缝型,这是因为在考虑到衬衫绱袖的牢固度的同时,也考虑到肩部的平整服贴度。

图 3-2-20　绱袖缝

为了保持衬衫袖口部位的整洁美观,特地为大小袖衩设计了适合其的缝型,如图 3-2-21、图 3-2-22。

图 3-2-21　宝剑头大衩缝型　　　　　图 3-2-22　宝剑头小衩缝型

袖克夫采用的是由多层平缝组合起来的混合缝型,如图 3-2-23。袖克夫的造型好坏直接影响着衬衫的品味,但是由于它的组合衣片相对比较多,考虑到缝合质量和缝合的效率,采用了这种混合缝型。

图 3-2-23　袖克夫缝型

衬衫袖所有缝合部位的缝量设计为1cm。原因:考虑到效率和生产的便捷,故选择最简单的缝量。

3. 衬衫衣身

衬衫衣身大多都采用平缝。在后育克处则采用了育克缝,如图3-2-24。衬衫的育克在缝制时是两片,并且它们都要与后身缝合,考虑到缝合牢度和整洁度,故选择这种缝型。

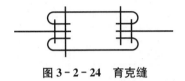

图3-2-24　育克缝

衬衫的衣身缝量设计为1cm。原因:考虑到效率和生产的便捷,故选择最简单的缝量。

4. 商标缝

男衬衫商标采用的是商标缝,如图3-2-25。原因:男衬衫的商标和尺码标是缝在后领内侧,商标缝是用高低压脚缝的,可以确保商标美观,服贴。

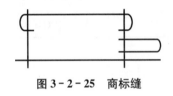

图3-2-25　商标缝

男衬衫商标缝缝设计为0.1cm(商标本身缝份为1cm)。原因:根据衬衫的精细美观而设计的。

四、中心样版制作解析

(一) 样版数量设计

1. 裁剪样版数量设计

男衬衫的裁剪样版主要包括前后片、袖片和领片的面料样版和衬料样版。每种样版的具体部位和数据见表3-2-1。

2. 工艺样版数量设计

在男衬衫的制作过程中,为了保证衬衫裁片大小相同、定位准确,需要相关工艺样版来确保裁片质量和缝制质量。具体工艺样版数量见表3-2-1。

表 3-2-1　男衬衫样版数量设计表

部位名称		结构设计（片）	样版数量（片）		辅配料类型	备注
			裁剪样版	工艺样版		
领面	面料	1	1×2	定型样版1	领尖贴×2	领面衬和领角衬各1片
	衬料	1	2×1			
领台	面料	1	1×2	定型样版1	商标,尺寸标	
	衬料	1	1×1			
前身	面料	1	2×1	门襟定位样版1	扣、扣与扣眼定位	
后身	面料	2	1×1+1×2			肩育克2片后片1片
袖身	面料	1	1×2			
克夫	面料	1	1×4	定型样版1	扣、扣与扣眼定位	
	衬料	1	1×2			
袖衩	面料	2	2×2	宝剑头定型样版1		上、下袖衩样版各2片
贴袋	面料	1	1×1	定型样版1		

（2）裁剪样版

1. 样版缝量图

男衬衫各面料样版加缝量后样版图见图 3-2-26、图 3-2-27。

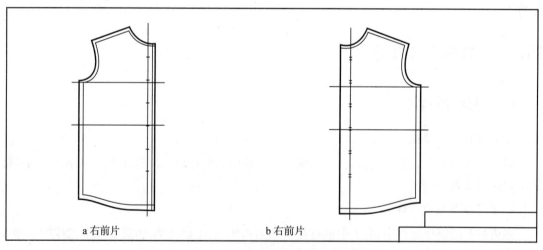

a 右前片　　　　　　　　b 右前片

图 3-2-26　男衬衫面料样版缝量示意图

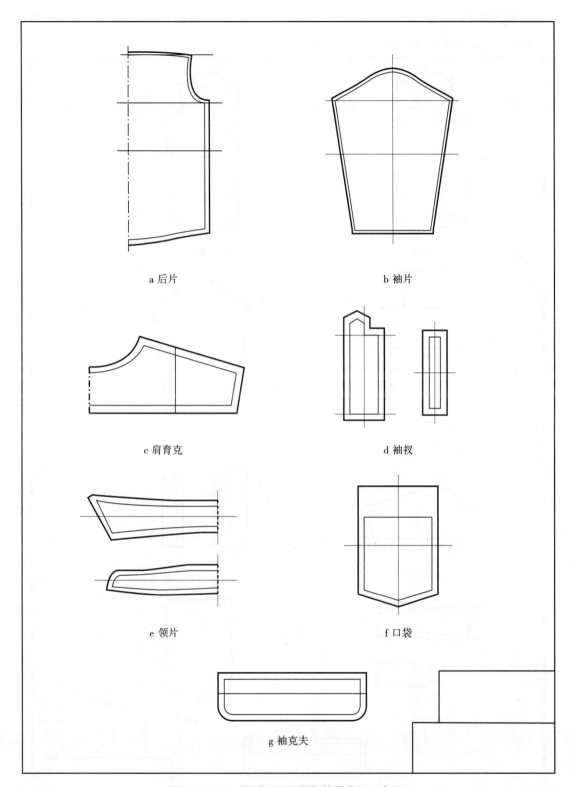

a 后片

b 袖片

c 肩育克

d 袖衩

e 领片

f 口袋

g 袖克夫

图 3 - 2 - 27　男衬衫面料样版缝量优化示意图 2

2. 样版缝量标定图

男衬衫各面料样版加缝量标定后的样版图见图 3 - 2 - 28。

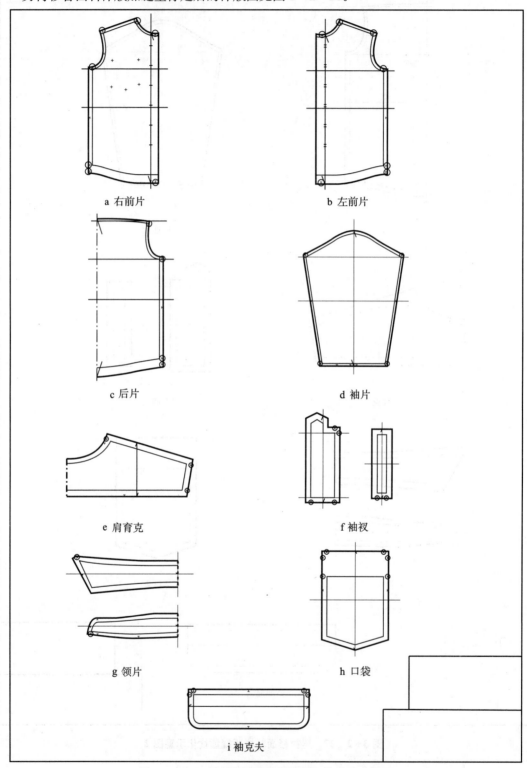

a 右前片　　　　　　　　　b 左前片

c 后片　　　　　　　　　　d 袖片

e 肩育克　　　　　　　　　f 袖衩

g 领片　　　　　　　　　　h 口袋

i 袖克夫

图 3 - 2 - 28　男衬衫面料样版缝量标定优化示意图

3. 样版对位标识图

男衬衫各面料样版加对位标识后的样版图见图 3-2-29、图 3-2-30。

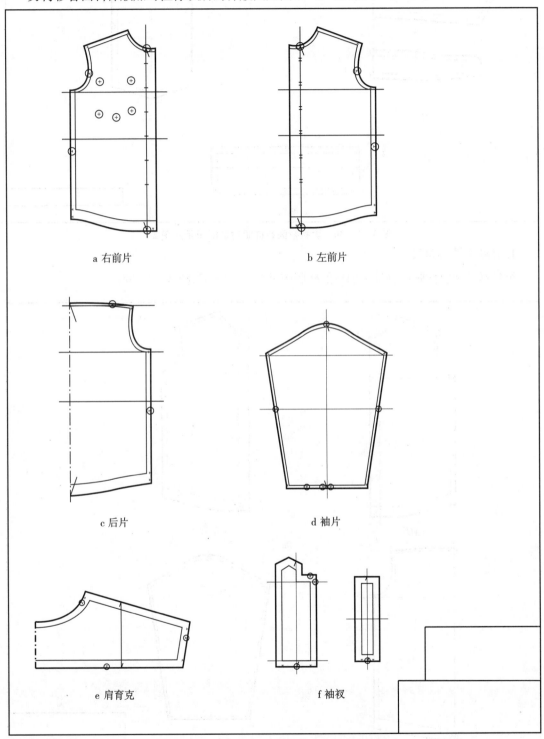

a 右前片　　　　　　　　　　　　b 左前片

c 后片　　　　　　　　　　　　d 袖片

e 肩育克　　　　　　　　　　　f 袖衩

图 3-2-29　男衬衫面料样版对位标识示意图 1

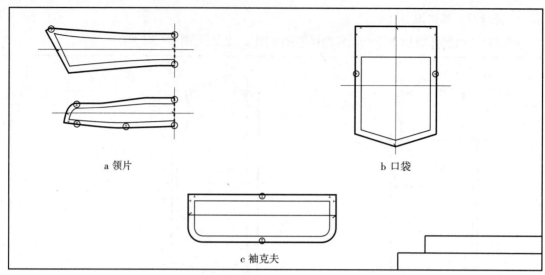

a 领片　　　　　　　　　　　　b 口袋

c 袖克夫

图 3 - 2 - 30　男衬衫面料样版对位标识示意图 2

4. 样版符号标识图

男衬衫各面料样版加符号标识后的样版图见图 3 - 2 - 31、图 3 - 2 - 32。

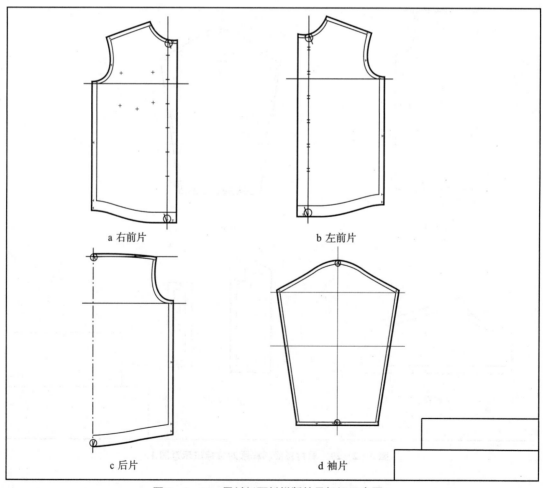

a 右前片　　　　　　　　　　　b 左前片

c 后片　　　　　　　　　　　　d 袖片

图 3 - 2 - 31　男衬衫面料样版符号标识示意图 1

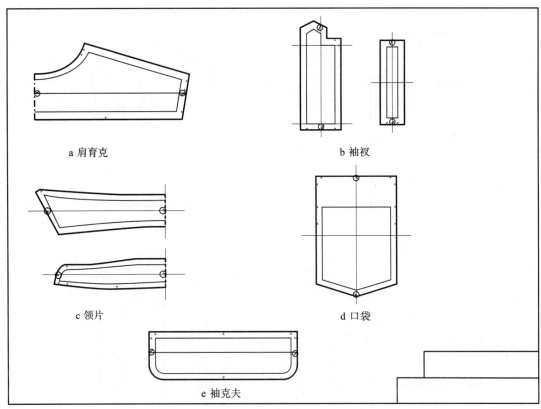

a 肩育克   b 袖衩

c 领片   d 口袋

e 袖克夫

图 3 - 2 - 32　男衬衫面料样版符号标识示意图 2

5. 样版文字标定图

男衬衫各面料样版加文字标定后的样版图见图 3 - 2 - 33、图 3 - 2 - 34。

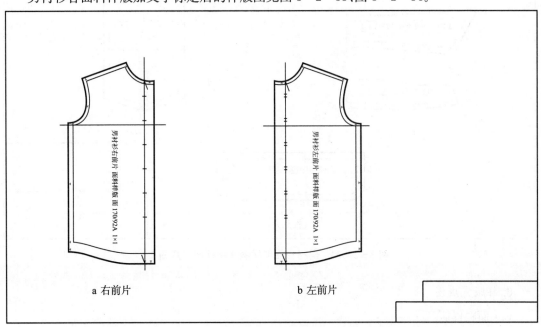

a 右前片   b 左前片

图 3 - 2 - 33　男衬衫面料样版文字标定示意图 1

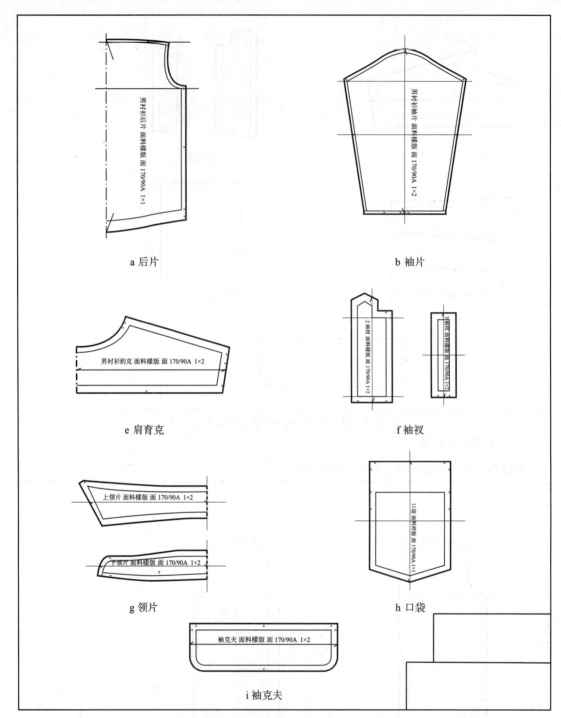

a 后片

b 袖片

e 肩育克

f 袖衩

g 领片

h 口袋

i 袖克夫

图 3-2-34　男衬衫面料样版文字标定示意图 2

6. 样版完成图

(1) 面料样版

男衬衫各面料样版完成图如图 3-2-35 所示。其中样版阴影部分为对应衬料样版。

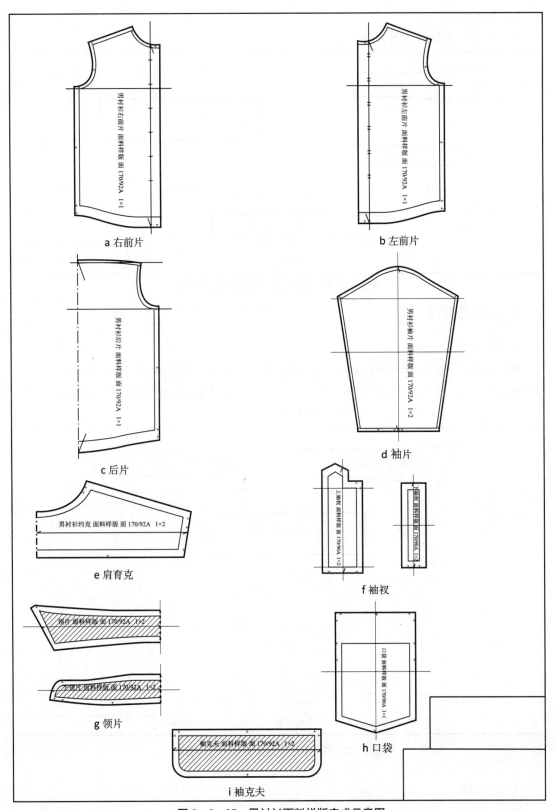

a 右前片

b 左前片

c 后片

d 袖片

e 肩育克

f 袖衩

g 领片

h 口袋

i 袖克夫

图 3-2-35 男衬衫面料样版完成示意图

（2）衬料样版

男衬衫各衬料样版如图3-2-36。

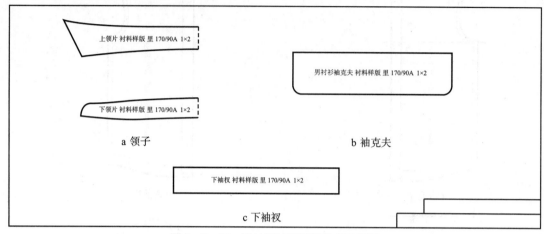

图3-2-36 男衬衫衬料样版完成示意图

（三）工艺样版

1. 定型样版

男衬衫的定型样版包括领面定型样版（图3-2-37a）、领台定型样版（图3-2-37b）、袖头定型样版（图3-2-37c）和口袋定型样版（图3-2-37d），其口袋定型样版为净样，能够保证男衬衫相同尺码的口袋形状一致，提高男衬衫外观质量。

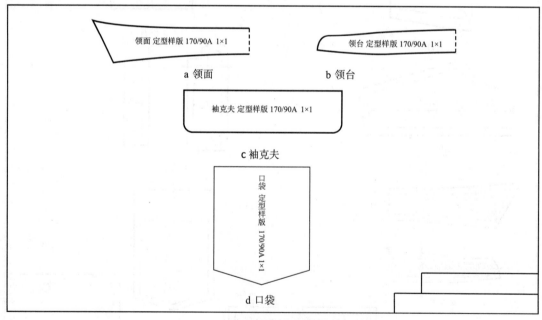

图3-2-37 男衬衫定型样版完成示意图

2. 定位样版

男衬衫的定位样版为门襟定位样版，见图3-2-38，该样版为净样版，能够保证男衬衫门襟处扣眼位置一致,提高男衬衫外观质量。

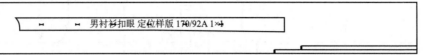

图 3-2-38　男衬衫定位样版完成示意图

五、成衣系列样版设计

(一) 男衬衫成衣规格设计

根据国家标准选择 170/92A 为男衬衫的中间号型,165/88A,170/92A,175/96A 为男衬衫成衣系列号型。

男衬衫成衣规格设计如表 3-2-2 所示。

表 3-2-2　男衬衫成衣规格设计　　　　　　　　　　　单位:cm

	165/86A	170/90A	175/94A	档差	计算公式
领围	39	40	41	1.0	领围档差=$\dfrac{领围}{胸围}\times4$
胸围	106	110	114	4.0	
肩宽	44.8	46	47.2	1.2	肩宽档差=$\dfrac{肩宽}{胸围}\times4$
衣长	70	72	74	2	衣长档差=$\dfrac{衣长}{身高}\times5$
袖长	56.5	58	59.5	1.5	袖长档差=$\dfrac{袖长}{身高}\times5$
袖口围	23	24	25	1	袖口围档差=$\dfrac{领围}{胸围}\times4$

注:表中各规格尺寸均未考虑缩率因素。

(二) 建立坐标系

1. 前、后衣片坐标系选择(图 3-2-39)

1) 以前、后中心线为前、后片的 Y 轴;

2) 以胸围线为前、后片的 X 轴。

2. 后肩育克坐标系选择(图 3-2-40)

1) 以后片肩育克的分割线为 X 轴;

2) 以后中线为 Y 轴。

3. 领片坐标系选择(图 3-2-41)

1) 以领宽水平中心线为 X 轴;

2) 以领后中线为 Y 轴。

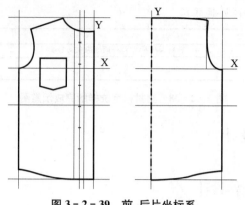

图 3 - 2 - 39　前、后片坐标系

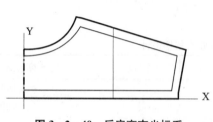

图 3 - 2 - 40　后肩育克坐标系

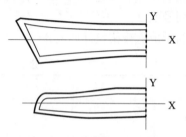

图 3 - 2 - 41　领片坐标系

4. 袖片坐标系选择(图 3 - 2 - 42)

1) 以袖肥线为袖片的 X 轴;

2) 以袖中线为袖片的 Y 轴。

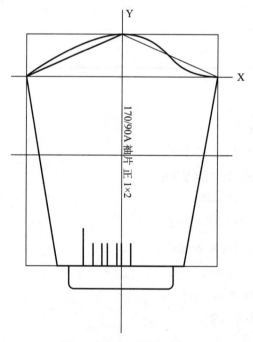

图 3 - 2 - 42　袖片坐标系

（三）确定推档点

确定男衬衫前后片、袖片和领片的推档点，并用字母表示，如图 3-2-43～图 3-2-48 所示。

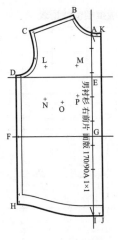

图 3-2-43 前片

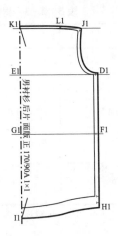

图 3-2-44 后片

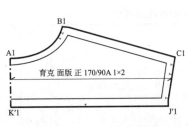

图 3-2-45 后肩育克

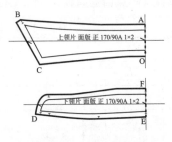

图 3-2-46 领片

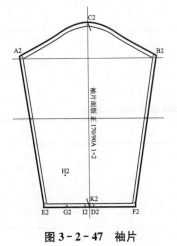

图 3-2-47 袖片

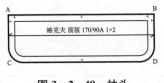

图 3-2-48 袖头

(四)点推档

1. 前片点推档

男衬衫的前片面料样版各点推档值如表 3－2－3 所示。

表 3－2－3　男衬衫前片面料样版推档值数据表

单位：cm

推档点	A,K	B	C	D	E	F	G	H	I,J	L	M	N	P	O
X 推档值	0	0.2	0.6	−1	0	−1	0	−1	0	−0.7	−0.2	−0.7	−0.95	−0.7
Y 推档值	0.4	0.6	0.4	0	0	−0.6	−0.6	−1.5	−1.5	0	0	−0.5	−0.5	−0.5
推档方向	0.4	0.6 0.2	0.4 0.6	1.0		1.0 0.6	0.6	1.0 0.6	1.5	0.7	0.2	0.7 0.5	0.95 0.5	0.7 0.5

注：前片口袋宽档差为 0.5cm，口袋长度档差为 0.5cm。

2. 后片点推档

后片各放码点档差如表 3－2－4 所示。

表 3－2－4　男衬衫后片面料样版推档值数据表

单位：cm

推档点	K1	J1	E1	D1	G1	F1	I1	H1
X 推档值	0	0.3	0	1	0	1	0	1
Y 推档值	0.6	0.6	0	0	−0.6	−0.6	−1.5	−1.5
推档方向	0.6	0.6 0.3		1.0	−0.6	1.0 −0.6	−1.5	1.0 −1.5

3. 后肩育克

后肩育克各放码点档差如表 3－2－5 所示：

表 3－2－5　男衬衫后肩育克面料样版推档值数据表

单位：cm

推档点	A1	B1	C1	J′1	K′1
X 推档值	0	0.2	0.6	0	1
Y 推档值	0	0	0	0	0
推档方向		0.2	0.6		1.00

注：因男衬衫过肩在传统的裁剪制图中长度一般保持不变，所以过肩中各点的纵档差均为 0。

4. 领片

领片只在围度上有变化量,其变化量与衣片领围变化量相等。故领片在后中线位置处有 0.5cm 的围度方向放码量,见表 3 - 2 - 6。

表 3 - 2 - 6　男衬衫领片面料样版推档值数据表　　　　　单位:cm

推档点	A	B	C	O	D	E	F
X 推档值	0.5	0	0	0.5	0	0.5	0.5
Y 推档值	0	0	0	0	0	0	0
推档方向	0.5 →			0.5 →		0.5 →	0.5 →

5. 袖片

袖子各放码点档差如表 3 - 2 - 7 所示。

袖衩宽在各尺码中保持不变,在长度方向上有变化,变化量与袖片中 G_2、H_2 两点档差相同,H_2 点长度方向档差等于袖长档差×G2H2/袖长＝1.5×12/52＝0.35cm。

表 3 - 2 - 7　男衬衫袖片面料样版推档值数据表　　　　　单位:cm

推档点	A2	B2	C2	D2	E2	F2	G2	H2	I2	K2	A	B	C	D
X 推档值	0.6	0.6	0	1	−1	1	−1	−0.2	0	0	0	0.8	0	0.8
Y 推档值	0	0	0.4	0	−0.4	−0.4	−0.4	−0.75	−1	−1	0	0	0	0
推档方向	0.6 →	0.6 →	↑0.4	1.0 →	1.0 0.4	1.0	↓0.6	0.2 0.75	↓1.0	↓1.0		0.8 →		0.8 →

袖头宽在各尺码中保持不变,只是在袖头长度上变化,放码时在袖头一侧沿长度方向进行 0.8cm 的档差缩放。

(五) 成衣系列样版

利用服装 CAD 中的放码功能,将各样版的放码量输入计算机中,生成各系列样版如图 3 - 2 - 49～图 3 - 2 - 51 所示。

1. 面料系列样版

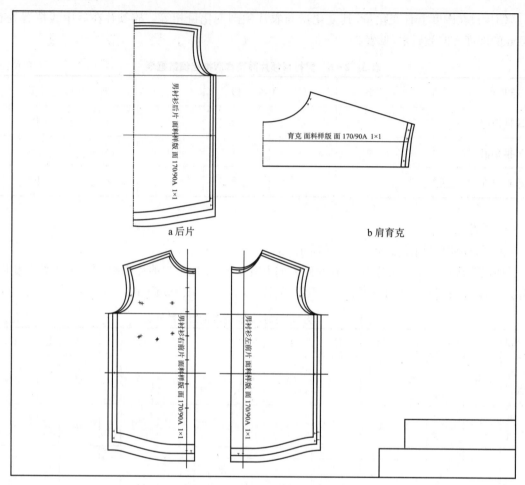

图 3-2-49 男衬衫面料系列样版示意图 1

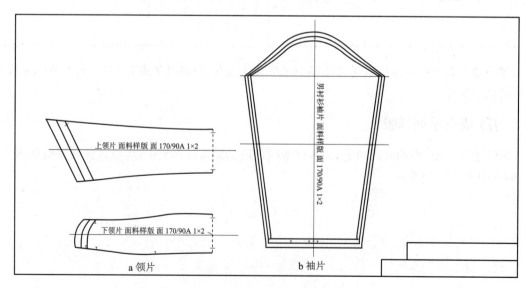

图 3-2-50 男衬衫面料系列样版示意图 2

2. 衬料系列样版

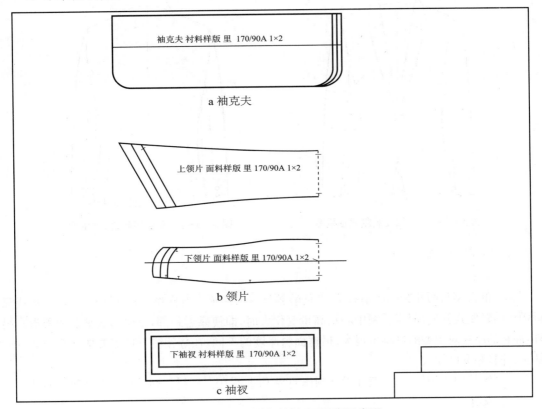

a 袖克夫

b 领片

c 袖衩

图 3 - 2 - 51 男衬衫衬料系列样版示意图

第三节 女西便装工艺及样版

一、女西便装工艺解析

(一) 款式对应工艺

1. 女西便装款式特征

单扣平驳领西便装,三开身,由前片、腋下片、后片、领子、大袖片、小袖片、前片里、腋下里、后片里、大袖里和小袖里等组成。其中,每片前身片有腋下省一个。右门襟压左门襟,右门襟上有一个扣眼。后身中心有背缝。袖子在袖口处有开衩,袖衩处钉有两粒袖扣,如图 3 - 3 - 1 和图 3 - 3 - 2 所示。

图 3-3-1 女西便装款式正视图

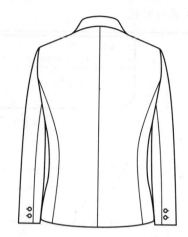

图 3-3-2 女西便装款式后视图

2. 对应部件工艺

（1）领子

领子的造型与西便装的风格有关,西便装领是属于翻领。当装领线上口较短时,就会形成靠近颈部的轻便式领型,但当后领中心抬高量变化大时,即使靠近颈部,也会形成平翻领外形。另外,面料的厚薄对领型的影响也很大,根据面料厚度的不同,在翻领线下口需要加入 0.3~0.5cm 的量,使翻领宽度加大。

为了维持便装的领型,一般在设计制作便装领时,采用三层衬:领面衬、挂面衬和领尖衬。

（2）衣身

衣身是西便装体现扶臀适体的造型的关键。制作时需要考虑到人体背部、胸部和腰部特征,为了增加便装穿着时胸部的丰满感,胸省的熨烫方向是向上的,如图 3-3-3。

西便装里料衣片的长度小于面料衣片,而围度则大于面料衣片围度。为了确保里料的形与面料的形静态时相同而运动时不同,制作时对里料侧缝采用容缝,容缝量一般 0.2cm,但后中偏大,如图 3-3-4 所示。

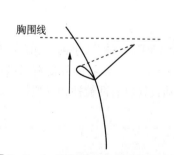

图 3-3-3 西便装前身省处理示意图

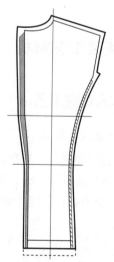

图 3-3-4 里料侧缝的容缝示意

（3）袖子

西便装袖子最考究之处是袖口的处理，它不同于男便装的处理，为了体现女性特有的性质，袖衩采用的是假衩，见上图 3 - 3 - 5。

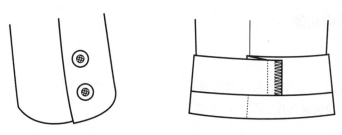

图 3 - 3 - 5　袖衩局部图

（4）下摆处里、面料

西便装的下摆制作时需要先试用定型样版进行扣烫，确保下摆的整洁。

西便装的里料用来保护面料，维持面料的挺括性，制作时需要确保里料长度不超过面料。里料底摆直接卷边平缝，面料底摆先滚边后缲缝，里料底摆必须覆盖住面料缲缝痕迹，如图 3 - 3 - 6。

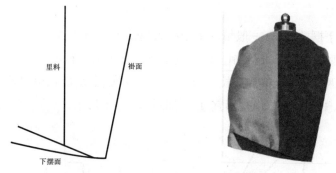

图 3 - 3 - 6　里、面料在下摆处的示意

（5）衬

西便装需要在领部和挂面用黏合衬。

领衬不止一种，制作时需要注意领衬的黏贴位置，确保在完成的便装领正面贴着衬，维持领的挺括平整。

挂面制作的好坏直接影响到西便装质量，挂面的服贴平整是制作的关键，故需要使用贴衬来增加面料的挺括性。制作时要注意衬的黏贴位置。

（二）款式对应面料

西便装面料可根据用途、季节以及款式设计与流行来选择。其种类繁多，从天然的毛、棉到合成纤维，可以运用于不同款式的西便装之中。对于正式场合穿着的西便装，一般采用材质较好的毛料或丝织物，既要突出服装的造型设计，又要强调面料的质感与风格。

西便装里料主要是保护面料,加强面料的风格,提升服装的档次;另外还具有方便穿脱、增厚保温的目的。所以里料的选择要与面料在厚度、手感、档次等方面相匹配。一般选择美丽绸、电力纺、棉型细纺等织物。

(三)款式对应功能

1. 前门襟设计

为了穿脱的方便性,不受围度对西便服款式的影响,故在设计时,采用了前门襟,通过钮扣来控制西便服与人体的包裹程度,如图3-3-7。

2. 一粒扣门襟设计

一般情况,上衣开门襟一般不采用单粒扣,女西便装为了体现女性的干练和简洁,故采用一粒扣,如图3-3-7所示。

3. 假袖衩设计

女性不同于男性,在职场和公共场合需要维持自身内在的修养,故设计假袖衩,含蓄中体现精致,如图3-3-5所示。

4. 侧缝开衩设计

衣摆是指衣服下摆的周长,一般情况下摆越大越便于运动,但它受到西便装整体造型款式因素的限制。西便装下摆围度稍大于臀围线,弯腰或坐下时,西便装下摆会受到拉力的作用,为了方便活动,故在侧缝处通过开衩的方式来补足活动量。因考虑到美观性,侧衩不宜过大,如图3-3-8所示。

图3-3-7 前门襟处局部图

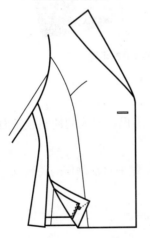 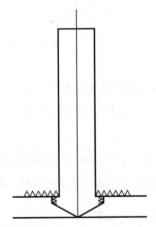

图3-3-8 下摆侧边局部图

二、女西便装基础纸样

1. 女西便装纸样尺寸

西便装需要控制部位尺寸是领围、肩宽、胸围、袖长和衣长等五个部位。

1）领围：在西便装样版设计时，考虑到款式与人体颈围尺寸相关性较小，所以领围尺寸＝人体颈围；

2）肩宽：在西便装样版设计时，结合款式特点，一般情况西便服肩宽的松量为 2cm。故肩宽尺寸＝人体肩宽＋2cm。

3）胸围：在西便装样版设计时，需要考虑到人体呼吸、正常运动的舒适性以及款式要求，一般情况西便服胸围的松量为 4～10cm。故胸围尺寸＝人体净胸围＋4cm。

4）袖长：在西便装样版设计时，一般情况西便装袖长＝人体臂长。

5）衣长：根据西便装款式特点对衣长进行设计。故衣长＝人体背长＋常量。

2. 女西便装结构解析

女西便装结构图由前身结构图、后身结构图、领子结构图和袖子结构图组成。

实样女西便装前身由四片前片构成，以前门襟为对称轴，左右两边各由两片衣片构成，两侧各分布了一个省。这个省是对胸凸导致的余缺进行处理，如图 3-3-9

实样西便装后身由四片衣片构成，以后中为对称轴，左右两边各由两片衣片构成，如图 3-3-10 所示。

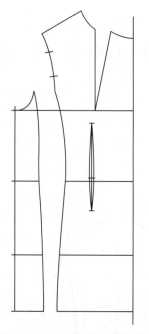 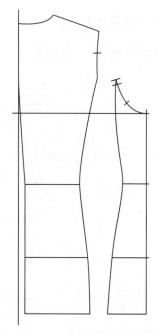

图 3-3-9 女西便装前身结构图　　图 3-3-10 女西便装后身结构图

实样女西便装领是由两片领和两片挂面构成,如图3-3-11所示。

实样女西便装袖子由大小袖两片袖片和袖克大构成,如图3-3-12所示。

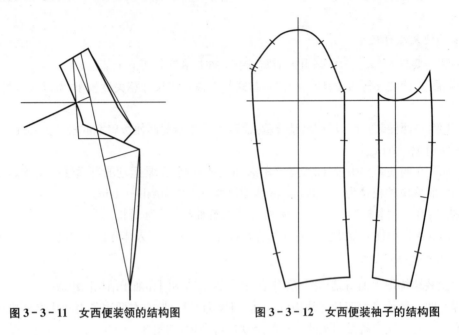

图3-3-11 女西便装领的结构图　　　图3-3-12 女西便装袖子的结构图

三、缝型和缝量设计

(一) 女西便装缝型结构

西便装整体缝型和缝量设计如图3-3-13所示,各位置缝型见图3-3-14。

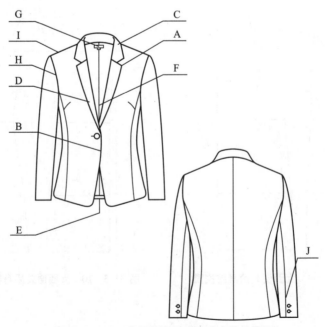

图3-3-13 西便装缝型对应成衣的位置图

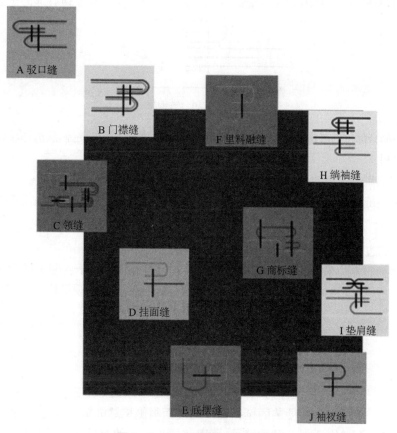

图 3 - 3 - 14　西便装各位置缝型

（二）女西便装缝型和缝量

1. 领子

西便装领部采用的是由多层平缝组合起来的混合缝型,如图 3 - 3 - 14。便装领的造型好坏直接影响着衣服的品味,由于它的组合衣片比较多,考虑到缝合质量和缝合的效率,采用了混合缝型。

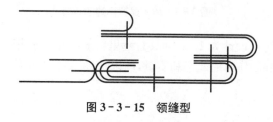

图 3 - 3 - 15　领缝型

西便装领的缝量设计为 1cm。原因:领部的制作步骤比较多,故采用这种最为简单的缝量。

2. 袖子

（1）袖面料

绱袖采用的是绱袖缝,如图 3 - 3 - 15。这里绱袖没有采用最简单的平缝,而是选择了如图

3-3-16所示的袖缝,这是因为在考虑到绱袖牢固度的同时,也考虑到肩部的平整服贴度。

图3-3-16 绱袖缝

便装所有缝合部位的缝量设计为1cm。原因:考虑到效率和生产的便捷,故选择最简单的缝量。

(2)袖里料

女西便装袖里料采用的是平缝。原因:简洁,高效。

便装袖里料缝量设计为1cm。原因:考虑到效率和生产的便捷,故选择最简单的缝量。

3.侧边

(1)面料侧边

女西便装面料侧边采用的是侧栋缝,如图3-3-17。原因:由于西便装的面料一般相对较厚,松量较大,所以采用侧栋缝来控制侧面波动量并支撑便装整体外观结构的稳定。

图3-3-17 面料侧边的侧栋缝

女西便装面料侧边缝量设计为1.5cm。原因:这是根据两个因素决定的,一个因素是缝制后的平服度,另一个因素是西便装的挺括性。通过面料侧栋缝分析,可以发现相缝面料的缝量一般相等,但考虑到缝合后要分开烫缝量,所以选择1.5cm的缝量来确保西便装的牢固性。

(2)里料侧边

女西便装里料侧边采用的容缝缝,如图3-3-18。原因:由于西便装里料相对较轻薄,容易劈裂,故选择活动量相对较宽松的容缝缝型。

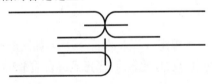

图3-3-18 里料侧边的容缝

女西便装里料侧边缝量设计为1cm。原因:缝里料的缝量一般相等,在样版缝量设计时,考虑到衣服表面的平整度和制作时的效率和质量,所以选择1cm的缝量,既确保里、面的和谐性又有足够的活动量。

4.后身

(1)面料后身

女西便装后身面料采用的是平缝,如图3-3-19。原因:确保西便装后身的平整,与里料很好的相服贴。

女西便装后身面料缝量设计为1cm。原因:女西便装后中缝没有特别的要求,故选择最便捷的缝量。

图 3-3-19　后身缝

（2）里料后身

女西便装里料后身都采用容缝，如图 3-3-20。原因：增加活动的方便性，维持便装的平整。

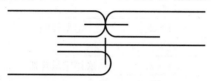

图 3-3-20　后身里料缝型

女西便装后身里料缝量设计为 1 cm。原因：女西便装后中缝没有特别的要求，故选择最便捷的缝量。

5. 底摆

（1）面料底摆

女西便装底摆采用的缝型是缲缝，如图 3-3-21。原因：服装中常用的缲缝是扳三角针，它是折边口处理的一种常见针法，在折边处可以看到一个个类似于"X"形的线迹，而面料表面仅留下细小的点状线迹。这样可以在不影响女西便装外观的情况下，固定住女西便装的线摆。

图 3-3-21　底摆缲缝

西便装底摆的缝量设计为 3cm。原因：女西便装前片和后片的下摆处的缝量就相当于是西便装的连贴边（边口部位里层的翻边称为贴边）。为了增强边口牢度、耐磨度及挺括度，并防止经纬纱线松散脱落及反面外露，选择了中等宽度 3cm 作为西便装下摆处缝量。

（2）里料底摆

女西便装里料下摆采用的是卷边缝，同图 2-2-35。原因：维持底边的平整。

女西便装里料下摆缝量设计为 1.2cm。原因：根据面料下摆缝量而设计的，确保遮盖住面料底摆缝迹。

四、中心样版制作解析

（一）样版数量设计

1. 裁剪样版数量设计

女西便装的裁剪样版主要包括衣片的面料样版、里料样版和衬料样版。样版具体内容见表 3-3-1 所示。

2. 工艺样版数量设计

为保证西便装的制作质量,除必要的裁剪样版外,还需要一些工艺样版来确保部件在型、量及相对位置上的统一。具体样版内容见表3-3-1所示。

表3-3-1　女西便装裁剪和工艺样版数量

部位名称		结构设计（片）	样版数量（片）		辅配料类型	备注
			裁剪样版	工艺样版		
领子	面料	1	1×2	定型样版1		
	衬料	2	2×2			
前片	面料	1	1×2	底摆定量样版1	商标与尺寸标、扣与扣眼定位	
	里料	1	1×2			
	衬料	2	2×2			
后片	面料	1	1×2	底摆定量样版1		
	里料	1	1×2			
	衬料	2	2×2			
袖子	面料	1	1×2		扣与扣眼定位	
	里料	1	1×2			
	衬料	2	2×2			
挂面	面料	1	1×2			
	衬料	1	1×2			

(二) 裁剪样版

1. 样版缝量图

(1) 面料

女西便装各面料样版加缝量后的样版图见图3-3-22～图3-3-24。

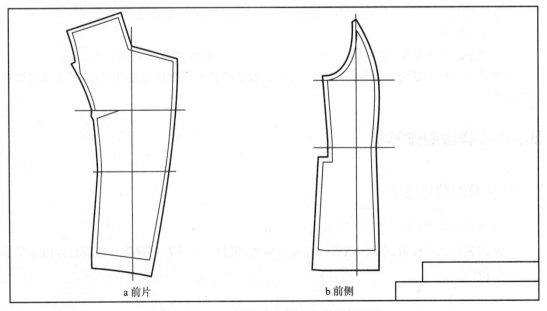

a 前片　　　　　　　　b 前侧

图3-3-22　女西便装面料样版缝量示意图1

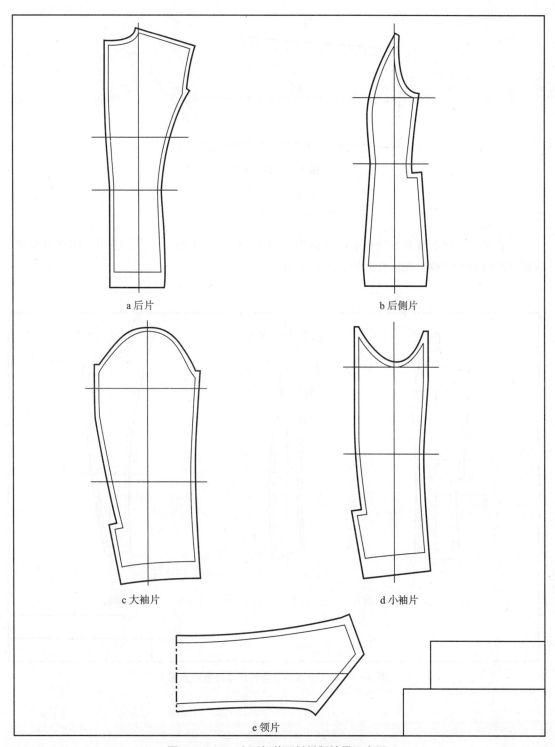

a 后片

b 后侧片

c 大袖片

d 小袖片

e 领片

图 3 - 3 - 23　女西便装面料样版缝量示意图 2

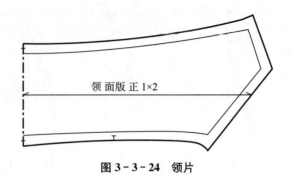

图 3 - 3 - 24　领片

（2）里料

女西便装各里料样版加缝量后的样版图见图 3 - 3 - 24、图 3 - 3 - 25。图中阴影部分为里料容缝,使里料松于面料,确保女西便服面料平服。

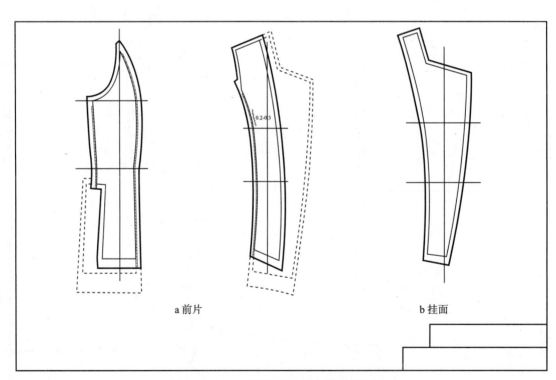

a 前片　　　　　　　　　b 挂面

图 3 - 3 - 24　女西便装里料样版缝量示意图 1

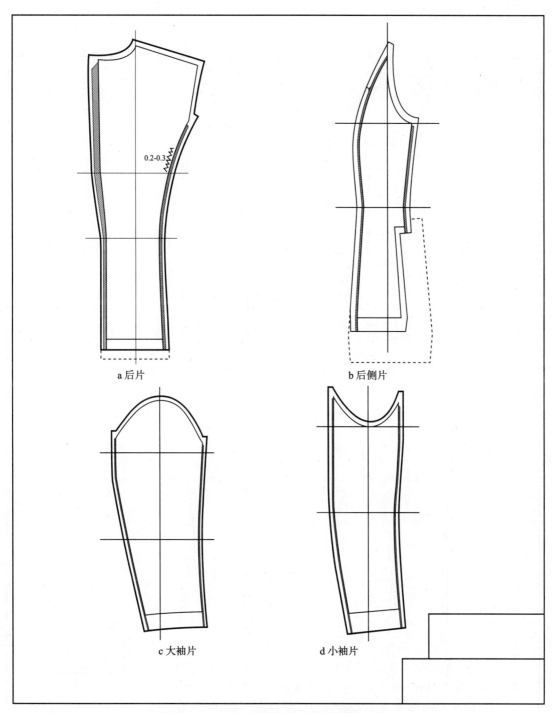

0.2-0.3

a 后片

b 后侧片

c 大袖片

d 小袖片

图 3-3-25 女西便装里料样版缝量示意图 2

2. 样版缝量标定图

（1）面料

西便装各面料样版加缝量标定后的样版图见图 3-3-26、图 3-3-27。

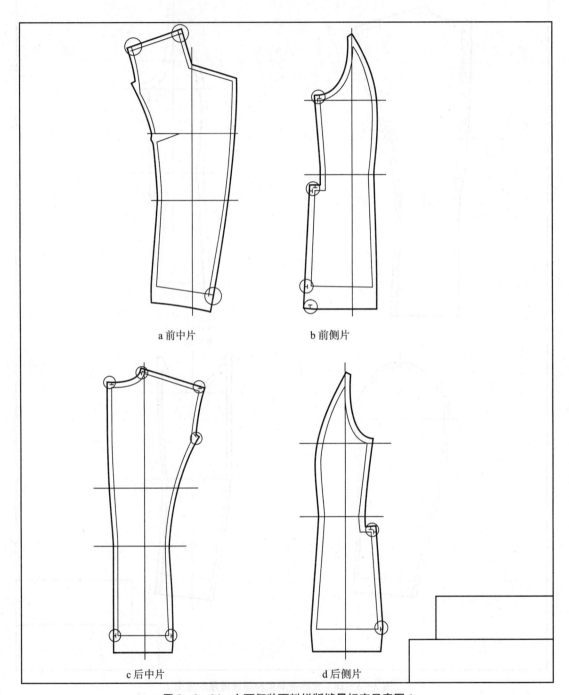

a 前中片

b 前侧片

c 后中片

d 后侧片

图 3 - 3 - 26　女西便装面料样版缝量标定示意图 1

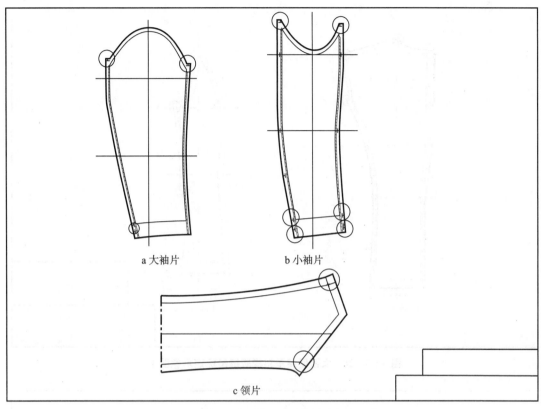

a 大袖片　　　b 小袖片

c 领片

图 3 - 3 - 27　女西便装面料样版缝量标定示意图 2

（2）里料

西便装各里料样版加缝量标定后的样版图见图 3 - 3 - 28、图 3 - 3 - 29。

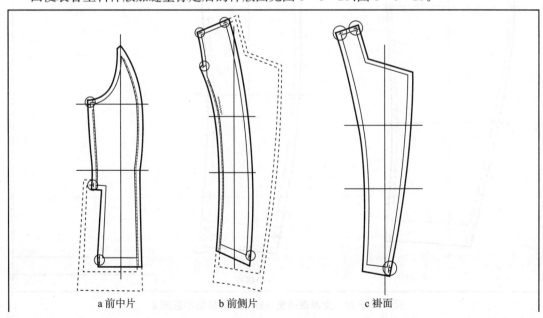

a 前中片　　　b 前侧片　　　c 褂面

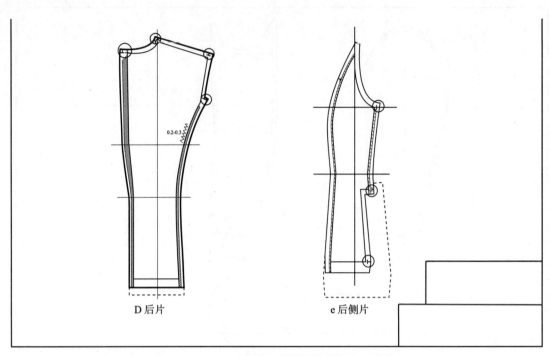

0.2-0.3

D后片

e后侧片

图 3 - 3 - 28　女西便装里料样版缝量标定示意图 1

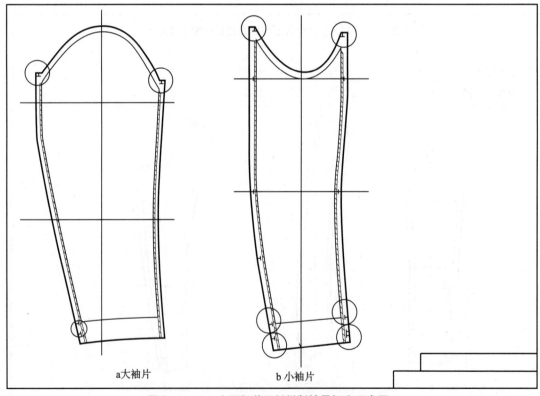

a大袖片

b小袖片

图 3 - 3 - 29　女西便装里料样版缝量标定示意图 2

3.样版对位标识图

（1）面料

西便装各面料样版加对位标识后的样版图见图 3－3－30、图 3－3－31。

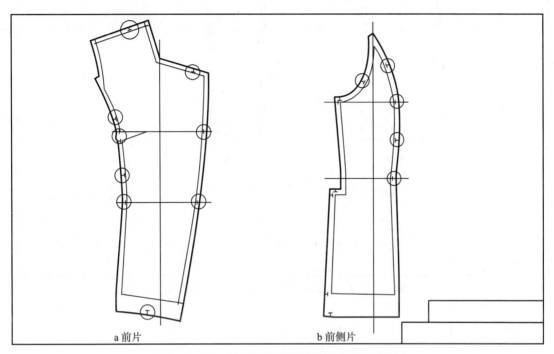

a 前片　　　　　　　　　　b 前侧片

图 3－3－30　女西便装面料样版对位标识示意图 1

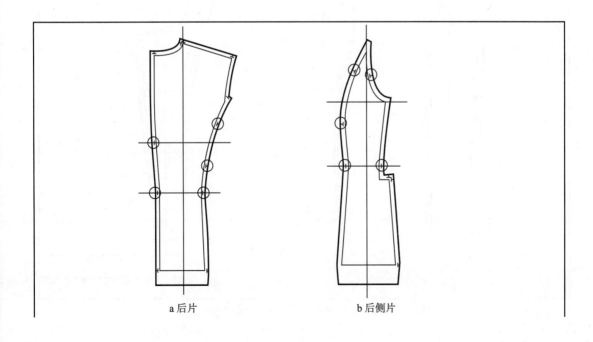

a 后片　　　　　　　　　　b 后侧片

图 3－3－30　女西便装面料样版对位标识示意图 1

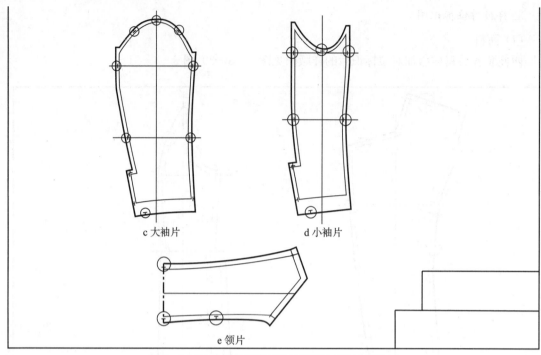

图 3-3-31　女西便装面料样版对位标识示意图 2

（2）里料

西便装各里料样版加对位标识的样版图见图 3-3-32、图 3-3-33。

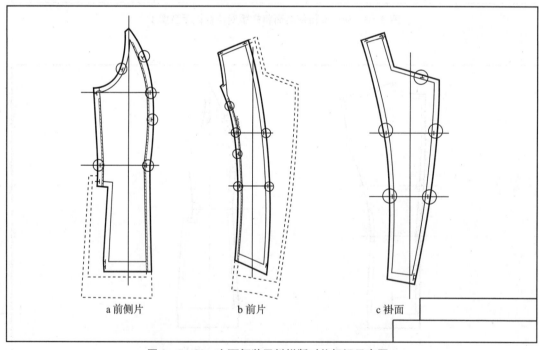

图 3-3-32　女西便装里料样版对位标识示意图 1

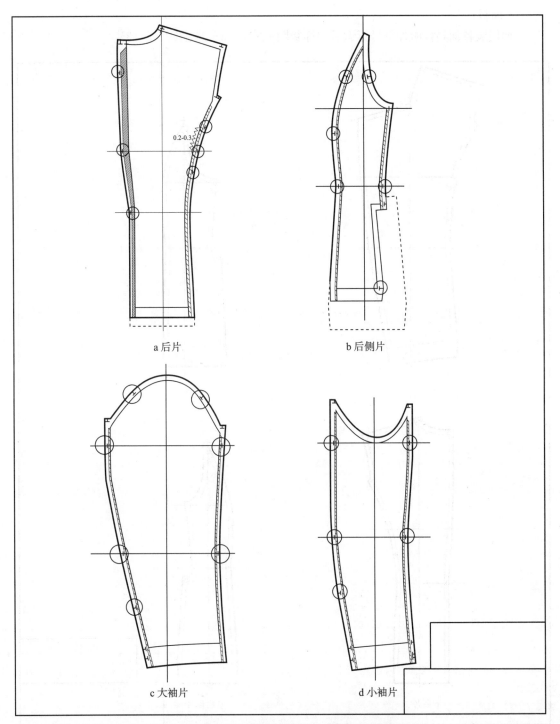

0.2-0.3

a 后片　　　　　　　　b 后侧片

c 大袖片　　　　　　　　d 小袖片

图 3-3-33　女西便装里料样版对位标识示意图 2

4. 样版符号标识图

（1）面料

女西便装各面料样版加符号标识后的样版图见图 3-3-34、图 3-3-35。

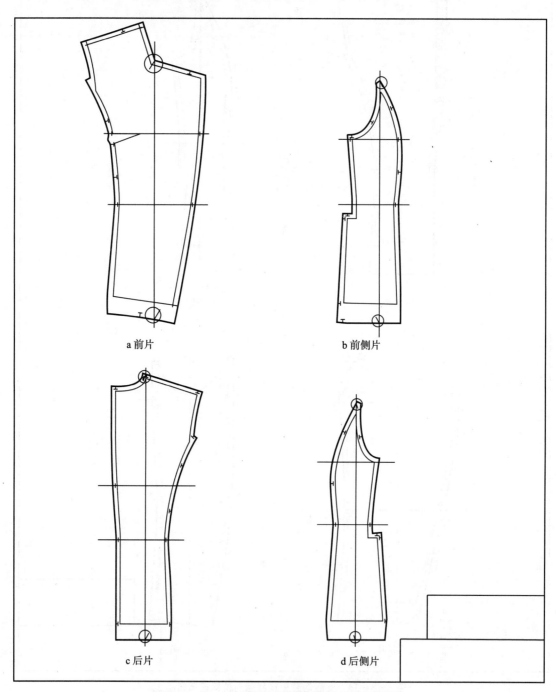

a 前片　　　　　　　b 前侧片

c 后片　　　　　　　d 后侧片

图 3-3-34　女西便装面料样版符号标识示意图 1

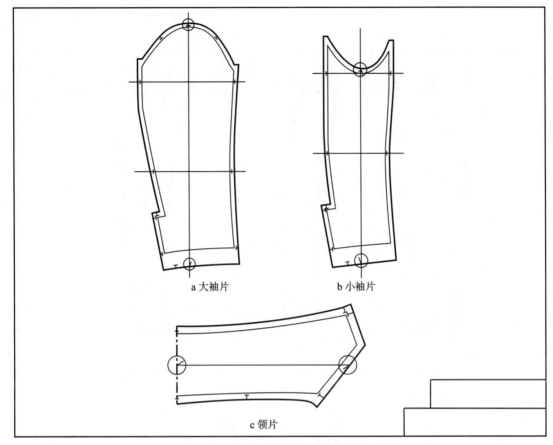

a 大袖片　　　b 小袖片

c 领片

图 3-3-35　女西便装面料样版符号标识示意图 2

（2）里料

女西便装各里料样版加符号标识后的样版图见图 3-3-36、图 3-3-37。

5.样版文字标识图

（1）面料

女西便装各面料样版加文字标识后的样版图见图 3-3-38、图 3-3-39。

（2）里料

女西便装各里料样版加文字标识后的样版图见图 3-3-40、图 3-3-41。

6.样版完成图

（1）面料

女西便装各面料样版完成图,见图 3-3-42、图 3-3-43。

（2）里料

女西便装各里料样版完成图,见图 3-3-44、图 3-3-45。

（3）衬料

女西便装的领衬料样版如图 3-3-46 所示。

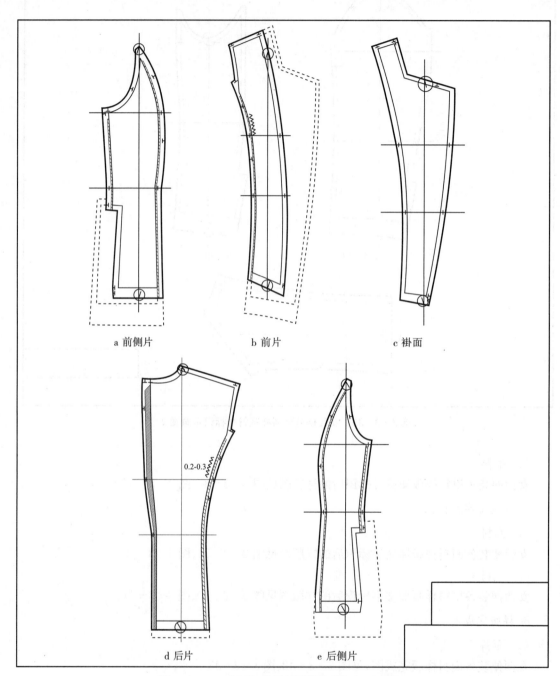

a 前侧片　　　　　　　b 前片　　　　　　　c 褂面

d 后片　　　　　　　e 后侧片

图 3-3-36　女西便装里料样版符号标识示意图 1

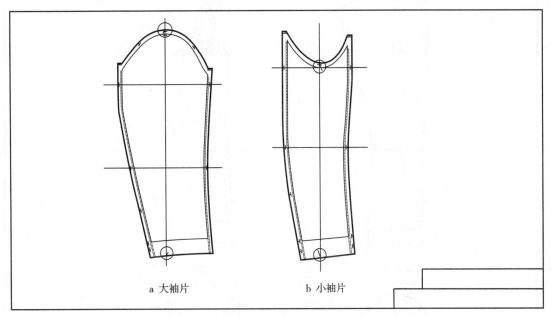

图 3－3－37　女西便装里料样版符号标识示意图 2

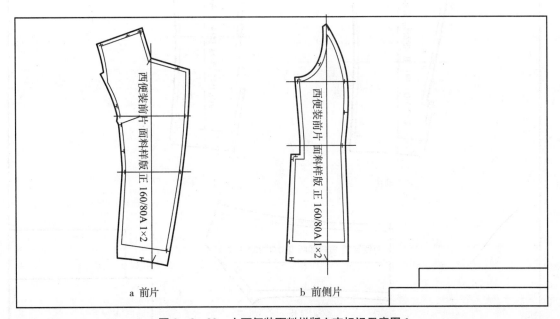

图 3－3－38　女西便装面料样版文字标识示意图 1

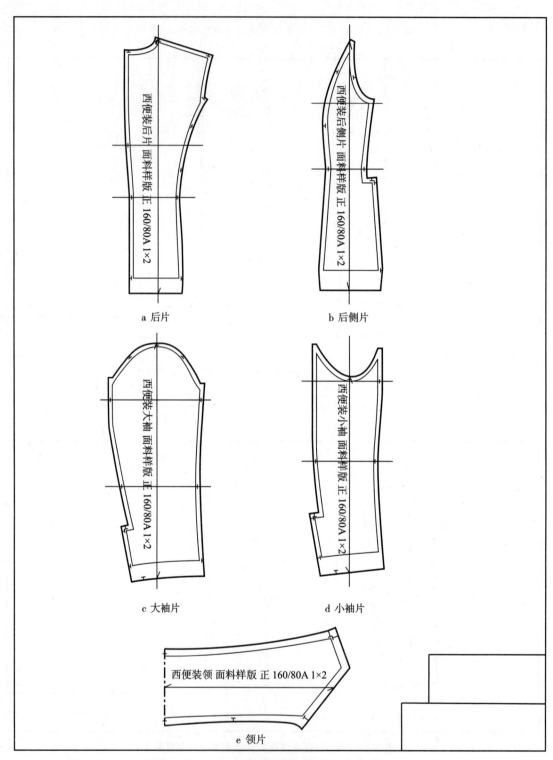

a 后片

b 后侧片

c 大袖片

d 小袖片

e 领片

图 3 - 3 - 39 女西便装面料样版文字标识示意图 2

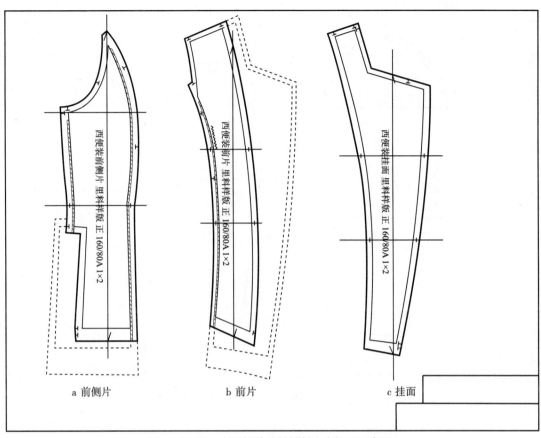

a 前侧片　　　　　b 前片　　　　　c 挂面

图 3－3－40　女西便装里料样版文字标识示意图 1

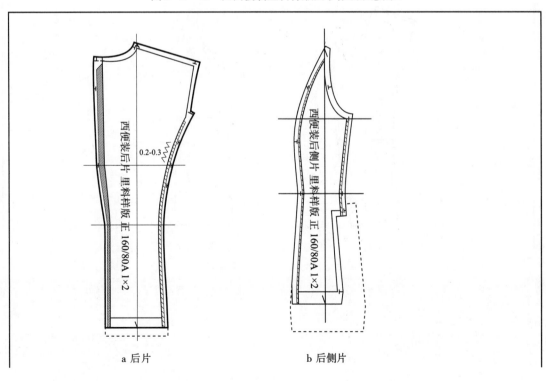

a 后片　　　　　　b 后侧片

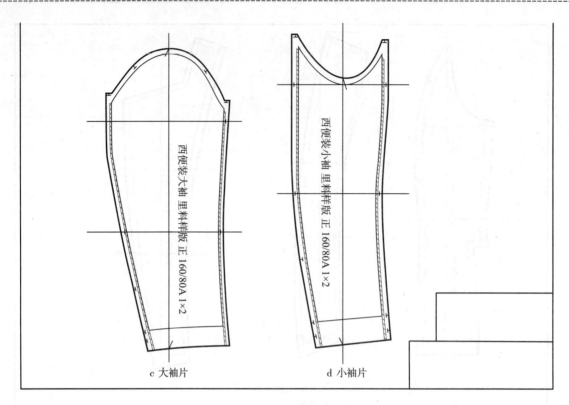

c 大袖片　　　　　　　　　　　d 小袖片

图 3 – 3 – 41　女西便装里料样版文字标识示意图 2

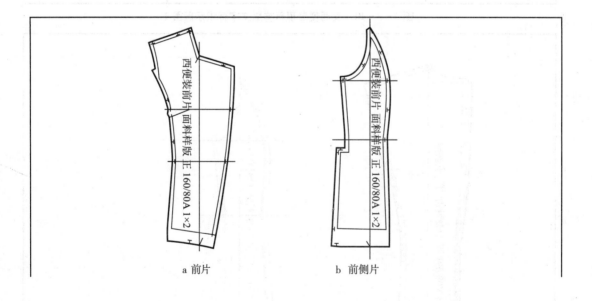

a 前片　　　　　　　　　　　b 前侧片

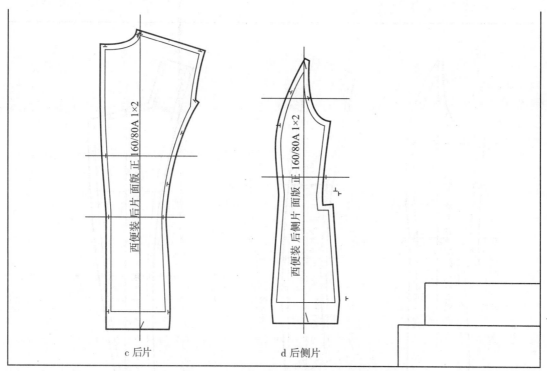

c 后片　　　　　　　　　d 后侧片

图 3 - 3 - 42　女西便装面料样版完成示意图 1

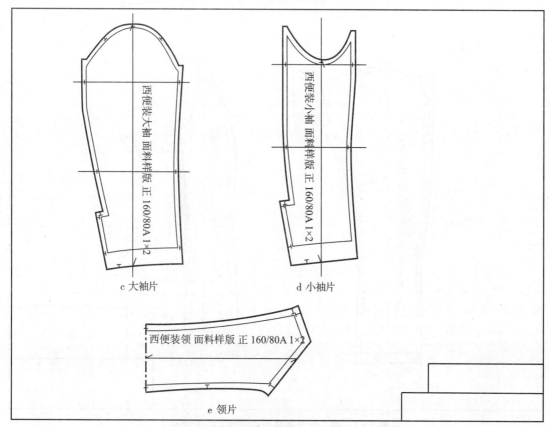

c 大袖片　　　　　　　　　d 小袖片

e 领片

图 3 - 3 - 43　女西便装面料样版完成示意图 2

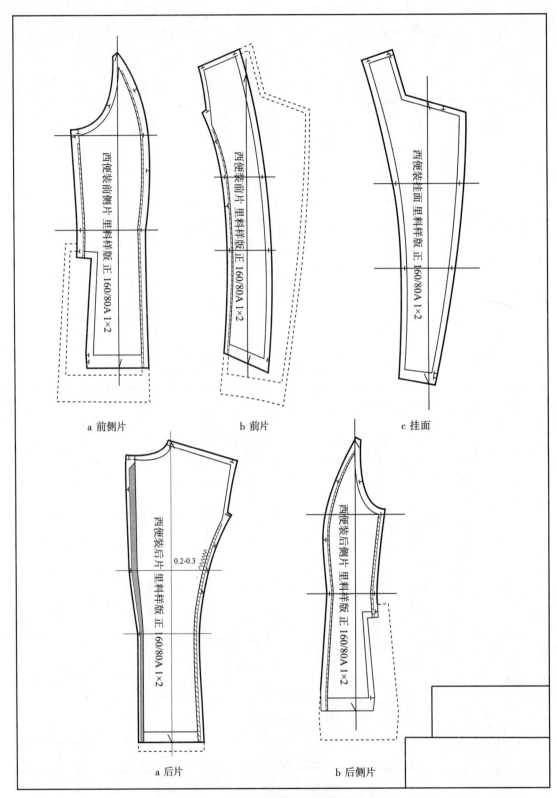

a 前侧片　　　　　　b 前片　　　　　　c 挂面

a 后片　　　　　　b 后侧片

图 3－3－44　女西便装里料样版完成示意图 1

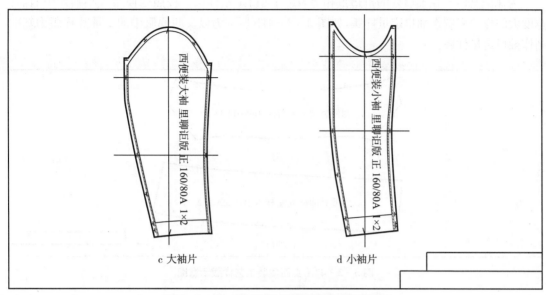

c 大袖片　　　　　d 小袖片

图 3 - 3 - 45　女西便装里料样版完成示意图 2

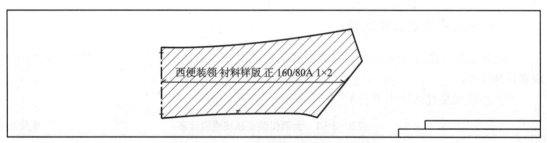

图 3 - 3 - 46　女西便装领衬料样版示意图

(三) 工艺样版

1. 定型样版

领子定型样版能够保证女西便装领子形状标准,并且相同尺码的领子形状一致,提高女西便服外观质量,如图 3 - 3 - 47a 所示。

2. 定量样版

为保证女西装在袖口处的折边量相等,使用袖口定量样版。按照西便服大小袖片中的袖口宽度大的样片来制作袖口定量样版,如图 3-3-47b 所示为以女西便服中的大袖片样版为基础,制作袖口定量样版。

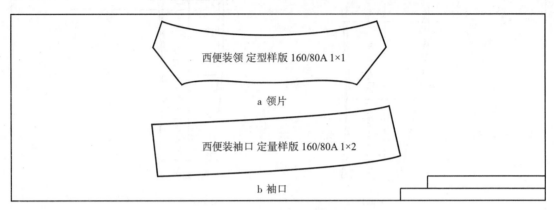

图 3-3-47　女西便装工艺样版示意图

五、成衣系列样版设计

(一) 女西便装成衣规格设计

根据国家标准选择 160/84A 为女西便装的中间号型。选择 155/80A,160/84A,165/88A 为成衣系列号型。

女西便装成品规格设计如表 3-3-1 所示。

表 3-3-1　女西便装成品规格设计表　　　　单位:cm

	155/80A	160/84A	165/88A	档差	计算公式
领围	35.2	36	36.8	0.8	领围档差=$\dfrac{领围}{胸围}×4$
衣长	61	63	65	2	衣长档差=$\dfrac{衣长}{身高}×4$
肩宽	39	40	41	1	肩宽档差=$\dfrac{肩宽}{胸围}×4$
胸围	92	96	100	4	
腰围	76	80	84	4	腰围档差=$\dfrac{腰围}{胸围}×4$

续表

	155/80A	160/84A	165/88A	档差	计算公式
臀围	96	100	104	4	臀围档差 $=\dfrac{臀围}{胸围}\times4$
袖长	53.5	56	56.5	1.5	袖长档差 $=\dfrac{袖长}{身高}\times4$
袖口宽	13.3	14	14.7	0.7	袖口宽档差 $=\dfrac{袖口宽}{胸围}\times4$

注:表中各规格尺寸均未考虑缩率因素。

(二) 建立坐标系

1. 前、后片和挂面坐标系选择(图 3-3-48)

1) 以前、后中心线为前、后片的 Y 轴;

2) 以胸宽线和背宽线为前、后片的 X 轴。

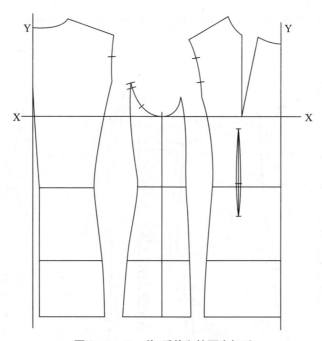

图 3-3-48　前、后片和挂面坐标系

2. 袖片坐标系选择(图 3-3-49)

1) 以袖肥线为袖片的 X 轴;

2) 以袖中线为袖片的 Y 轴。

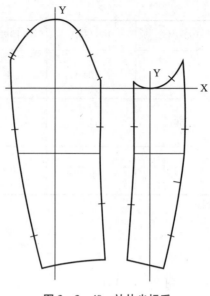

图 3 - 3 - 49　袖片坐标系

（三）确定推档点

确定西便装前片、后片、领子和袖子的推档点，并用字母表示，如图 3 - 3 - 50～图 3 - 3 - 56。

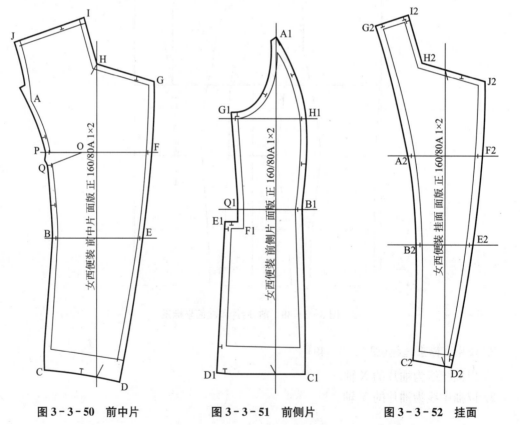

图 3 - 3 - 50　前中片　　　图 3 - 3 - 51　前侧片　　　图 3 - 3 - 52　挂面

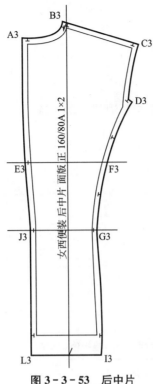

图 3 - 3 - 53 后中片

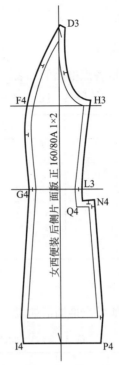

图 3 - 3 - 54 后侧片

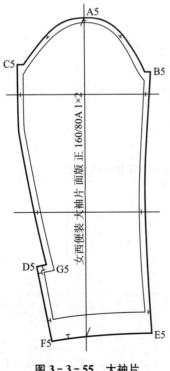

图 3 - 3 - 55 大袖片

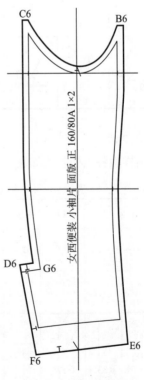

图 3 - 3 - 56 小袖片

（四）点推档

1. 后中片点推档

后中片面料样版各点推档值如表3-3-2。

表3-3-2 女西便装后中片面料样版推档值数据表　单位:cm

推档点	A3	B3	C3	D3	E3	F3	G3	I3	L3	J3
X推档值	0	0.16	0.5	0.5	0	0.5	0.5	0	0.45	0.5
Y推档值	0.7	0.75	0.7	0.35	0	0	−0.3	−0.3	−1.27	−1.27
推档方向										

2. 后侧片点推档

后侧片面料样版各点推档值如表3-3-3。

表3-3-3 女西便装后侧片面料样版推档值数据表　单位:cm

推档点	D4	F4	G4	I4	H4	L4	Q4	N4	P4
X推档值	0.5	0.5	0.5	0.5	1	−1	−1	−1	−1
Y推档值	0.35	0	−0.3	−1.27	0	−0.3	−0.3	−0.3	−1.27
推档方向									

3. 前中片点推档

前中片面料样版各点档差值如表3-3-4。

表3-3-4 女西便装前中片面料样版推档值数据表　单位:cm

推档点	A	B	C	D	E	F	G	H	I	J	O	P	Q
X推档值	0	0	0	0.6	0.6	0.34	0.34	0.34	0.34	0	0.2	0	0
Y推档值	0.35	−0.3	−1.27	−1.27	−0.3	0	0.54	0.54	0.7	0.7	0	0	0
推档方向													

4. 前侧片点推档

前侧片面料样版各点档差值如表3-3-5。

表3-3-5　女西便装前侧片面料样版推档值数据表　　　　单位:cm

推档点	A1	B1	C1	D1	E1	F1	G1	H1	Q1
X推档值	0	0	0	0	−0.4	−0.4	−0.4	0	−0.4
Y推档值	0.35	−0.3	−1.27	−1.27	−0.3	−0.3	0	0	−0.3
推档方向									

5. 挂面点推档

挂面面料样版各点档差值见表3-3-6。

表3-3-6　女西便装挂面面料样版推档值数据表　　　　单位:cm

推档点	A2	B2	C2	D2	E2	F2	G2	H2	I2	J2
X推档值	0.3	0.3	0.3	0.6	0.6	0.6	0.54	0	0.34	0.11
Y推档值	0	−0.75	−1.28	−1.28	−0.75	0	0.34	−1.28	0.7	0.7
推档方向										

6. 领子点推档

女西便服领子样版只需在后领中心处的两个推档点,沿围度方向按照领围档差0.8cm进行缩放即可。

7. 大袖片点推档

女西便服大袖片面料样版各点档差值见表3-3-7。

表3-3-7　女西便装大袖片面料样版推档值数据表　　　　单位:cm

推档点	A5	B5	C5	D5	E5	F5	G5
X推档值	0	0.4	−0.4	−0.27	0.4	−0.27	−0.27
Y推档值	0.56	0	0.28	−0.94	−0.94	−0.94	−0.94
推档方向							

8. 小袖片点推档

女西便服大袖片面料样版各点档差值见表3-3-8。

表3-3-8　西便装小袖片面料样版推档值数据表　　　　　　单位:cm

推档点	B6	C6	D6	E6	F6	G6
X推档值	0.4	−0.4	−0.27	0.4	−0.27	−0.27
Y推档值	0	0.28	−0.94	−0.94	−0.94	−0.94
推档方向	0.53 / 0.5	0.53	0.53 / 0.33	0.53 / 0.17	0.45	0.75

（五）成衣系列样版

利用服装CAD中的放码功能,将各样版的放码量输入计算机中,生成各系列样版。

1. 面料系列样版(图3-3-57～图3-3-59)

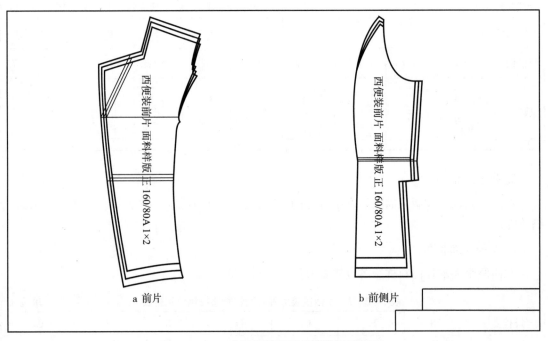

a 前片　　　　　　b 前侧片

图3-3-57　女西便装面料系列样版示意图1

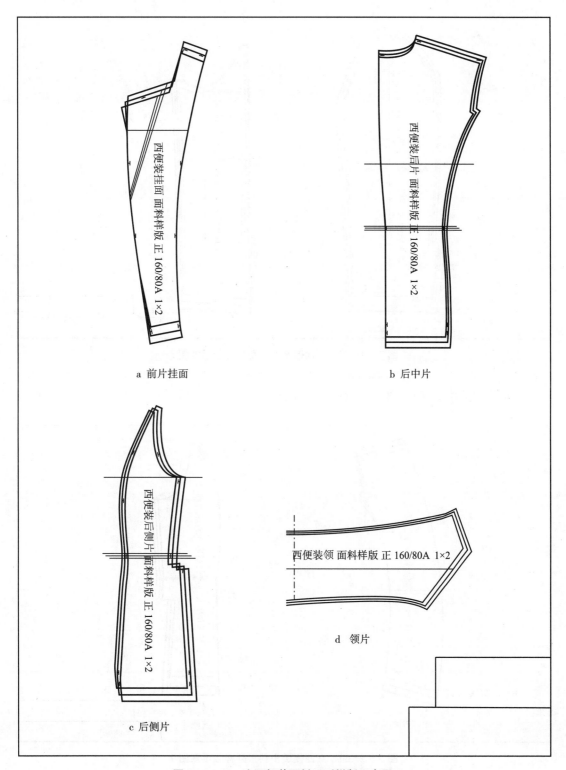

a　前片挂面

b　后中片

c　后侧片

d　领片

图 3－3－58　女西便装面料系列样版示意图 2

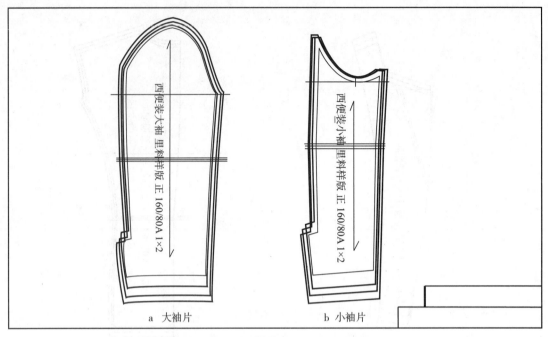

a 大袖片   b 小袖片

图 3－3－59　女西便装面料系列样版示意图 3

2. 里料系列样版（图 3－3－60、图 3－3－61）

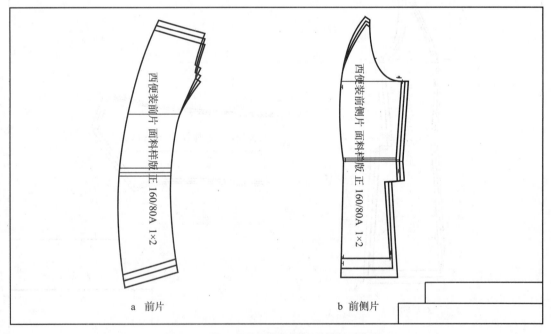

a 前片   b 前侧片

图 3－3－60　女西便装里料系列样版示意图 1

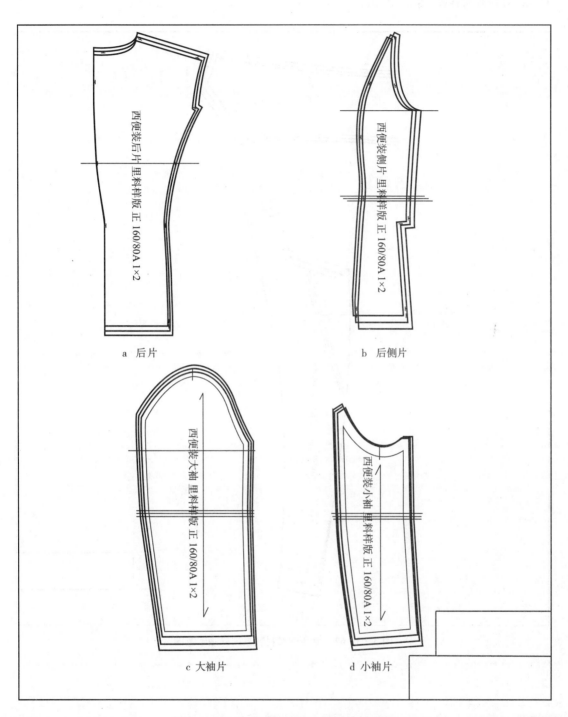

a　后片

b　后侧片

c　大袖片

d　小袖片

图 3 - 3 - 61　女西便装里料系列样版示意图 2

3. 衬料系列样版(图 3 - 3 - 62)

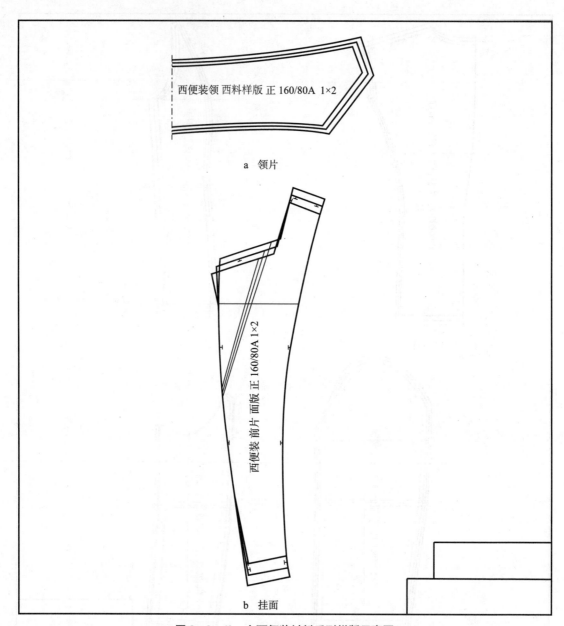

西便装领 西料样版 正 160/80A 1×2

a 领片

西便装 前片 面版 正 160/80A 1×2

b 挂面

图 3 - 3 - 62 女西便装衬料系列样版示意图

第四章　成衣制版实例

——冲锋衣

一、制版设计

1. 意义

男式冲锋衣制版设计是通过对冲锋衣的设计、结构、样版、工艺一整套模拟企业产品开发的项目式内容的学习,使学习者了解冲锋衣成衣化生产的流程,具备独立完成冲锋衣款式设计、制版、工艺"三位一体"的综合应用能力,对服装企业的产品开发、生产有一个全面的认识和实践。同时,通过制版设计培养学习者的创造能力、交流沟通能力、团结协作能力和良好的职业道德,以提高学习者的实践能力、综合素质。

2. 任务

(1) 资料的收集和分析研究;

(2) 通过市场调查,确定男式冲锋衣的基本款式;

(3) 掌握冲锋衣结构变化的基本规律和方法;

(4) 掌握冲锋衣面料选择的方法;

(5) 掌握冲锋衣的工艺设计方法;

(6) 掌握冲锋衣的工业样版设计方法。

3. 要求

制版设计的开展要求学习者具备设计、制版、工艺、电脑绘图等多方面的基础知识,需要先具备服装设计、服装材料、样版设计、缝制工艺基础等知识;要求学习者对男装整体设计开发有一个全面的认识和研究。

二、成衣总体构想

1. 市场需求调查

(1) 冲锋衣功能需求调查

对于户外运动服装,市场调查显示,人们主要注重以下几个方面:第一,面料的防水(雨)性,这是一项基本要求;第二,服装的防风性能,因为一些户外运动,如登山,滑雪或滑翔等均在风速较大的环境中进行,为保持体温,服装的防风性能尤为重要;第三,服装的透气性,在户外运动中,人们需要保持身体的干爽和舒适,所以对服装的透气性要求较高;另外,服装的耐磨性也不可忽视。

(2) 冲锋衣消费群体调查

关于户外休闲运动服装的消费群体,根据问卷调查,综合各组数据可得月薪 3000 元以上的人群占 48.6%,其中 19.4%的人月薪在 5000 元以上。由于已知户外运动服装主要面向相对收入较高的人群,因此在服装面料的选购上应更多的考虑材料的品质及功能性。另外,在这一消费群体中,20~40岁的中青年人群占84.1%,因此,在服装的功能性得到满足的同时应适当考虑服装时尚性的因素。由于在参加户外运动的人群中特殊体型人的个例很少,因此在服装号型设计上较少考虑肥胖特体问题,一般按照标准体型设计。目前,随着生活水平的不断提高,喜爱旅行登山和攀岩等各类户外运动的人越来越多,人们对户外服装的重要性的认识也愈加深刻。

综上所述,通过市场调查,说明了开发户外休闲运动服装的可行性。同时,从服装设计者角度既要考虑产品面向的消费者,也要考虑消费者对服装性能的期望。

2. 款式设计构想

根据调查结果,确立了本组冲锋衣的款式为男士时尚登山短款冲锋衣,该款服装构成分为内外两件,两件可拆分单独穿着,也可合并穿着。衣服外衣外层为三开身,后片比前片略长,袖管略向前弯,以便运动时的舒适性。外衣里层是透气网层,内里是黑色纯棉质。局部有分割,款式简单却不失时尚。考虑登山运动特点,要求其具有较好的面料防风防水透气性。图4-1和图4-2为服装外衣正反面效果图,图4-3和图4-4为服装内里正反面效果图。

图4-1 男士冲锋衣外衣正面款式图

图4-2 男士冲锋衣外衣反面款式图

图4-3 男士冲锋衣内里正面款式图

图4-4 男士冲锋衣内里反面款式

外衣面料主色采用浅灰色和淡蓝色的尼龙防水布料(图4-5)。局部细节包括:

a. 风帽上滑扣,可以调节风帽形状与头型吻合;内置式帽子,以便在不用的时候可以收起,领口处有加厚层,减少热量损失,有效防风(图4-6、图4-7)。

b. 门襟采用防水拉链,在拉链的外层覆盖防压胶层,防止水分渗透(图4-8)。

c. 胸前有多功能口袋(图4-9)。

d. 袖口有松紧及魔术贴,有效防止风从外部灌入(图4-10)。

图4-5　外衣面料

图4-6　风帽展开

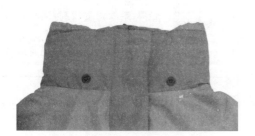

图4-7　风帽收起

图4-8　防水拉链

图4-9　多功能口袋

图4-10　袖口松紧及魔术贴

内里面料为灰色抓绒,两侧有拉链,下摆有防风滑扣,如图4-11和图4-12所示。

图4-11　下摆处松紧

图4-12　防风滑扣

3. 面料选择

(1) 外衣面料选择

此款成衣主要销售对象为年龄在 20～40 岁的男性,作为一款秋冬季户外型服装,防水防风保暖性自然是其面料的基本选用标准。另外,选用面料时还应注意其在低温下是否会变硬,因此类面料的防水透气薄膜一般由聚脂材料制成,在低温下会变硬,更会变脆,最终直接影响到其强度。所以要选择正确的服装面料,以确保其在低温环境下保持柔软,不影响面料强度。

制版设计选择了三种面料,通过相关实验测得这三种面料的物理性能,如表 4-1 所示。

表 4-1 面料性能测试结果

性质 面料类型	轻量化	防水性	防风性	舒适度	备注
防水型涂层(覆膜)面料	★	★★★	★★★	★★	面料具有防水透湿的性能,较为轻薄柔软
涤纶高密度防泼水面料	★★★	★★	★★	★★★	轻薄、柔软程度较高,同时具有防风、防泼水、透气性能
普通梭织面料加防绒布	★	★	★★	★★	一般采用密度较低的尼龙或者涤纶织成

如表 4-1 所示,通过对三种面料的物理性能综合比较后,选择高密度防泼水面料作为本款冲锋衣的外衣面料。

(2) 内里面料选择

面料:综合考量常用面料的各方面特性,因抓绒衫(Fleece)面料的保暖性能好,速干性较快,最终选择其作为该款冲锋衣的内里服装面料。另外需注意的是,优质抓绒衫较轻,透气性较好,具有一定的防水性。但是传统的抓毛绒防风性不太好,风大时就不能当作外套穿。不过,最新型的材料像 WindStopper 基本解决了这个问题。WindStopper 采用了一种类似 Gore-Tex 的薄膜,虽然不能防水,但防风性能很好,比一般的抓绒衫要强好多。抓毛绒的缺点是体积太大,带两件以上装包时很占地方。袖口,肩膀和肘部等地最好有 Cordura 一类的材料加固。

里料:选用网格内衬,透气性好,重量轻,耐磨性好。但应注意网状内衬的黑色纤维上应该有细微小孔。

(3) 辅配料的选用

① 松紧带:主要用在该款服装的领子上口与下摆处,要求弹力绳弹性优良。宽度则根据服装的不同款式而定。松紧带一般分为锭织和梭织两种,主要原料由棉纱、黏胶丝和橡胶丝三种组成。在材料选用制作方面因为当今社会讲究绿色环保生活,松紧带趋向于选用无毒无害的 TPU 作为原材料,并可通过添加进辅助的高弹助剂来增强其弹性。

② 橡胶筋:主要用于该款服装的袖口处,原材料多用橡胶制成。

③ 拉链:主要选择金属拉链(铜合金拉链),金属拉链在使用过程中,常会因为氧化等原因而导致变色,其防范的方法就是在产品与产品之间夹上一层纸,来预防移染现象。

选用拉链时注意事项:①布带染色均匀,无玷污,无伤痕,且手感柔软,在垂直方向或在水平方向上,布带要呈波浪型;②牙齿表面要平滑,拉启时手感柔畅,且杂音少;③拉头:自锁拉头拉启轻松自如,锁固而不滑落;④贴布:贴布紧扣布带,不易断裂脱落;⑤方块、插销:穿插自如,紧固布带。

三、成衣总体设计

(一) 成衣设计

从着装对象、销售方向、选用面料及服装风格等几个方面着手对成衣设定,从而对该款冲锋衣从生产到销售进行总体把握。

成衣设计一览表如表 4-2 所示。

表 4-2　成衣设计一览表

着装对象	年龄在 20 至 40 岁的男性	
销售方向	华东地区	
选用面料及相关性能	涤纶高密度防泼	强度高,回弹性好,耐疲劳,耐腐蚀,耐虫蛀
	水面料	防风防水,易干,透气保暖性好
选用里料及相关性能	抓绒	保暖,排汗易干,重量较轻,洗涤方便,易干
	网格内衬	透气性好,重量轻,耐磨性好
	预缩率	根据材料性能及相关实验测得大约 2%
服装整体风格	休闲运动	结合时尚流行元素使衣服在具有功能性的同时又具美感
	户外运动	能适应恶劣的天气和复杂的地理环境

(二) 成衣尺寸制定

1. 人体数据采集准备

(1) 人体模特

在采集人体数据时,对人体模特的选择要求:参考 GB/T1335.2—2008 男子 5.4 系列国家号型标准中间体为依据,选择年龄在 20～40 岁范围内,身材匀称、体型正常的男性为数据采集模特进行测量。

(2) 测量员

在进行人体数据采集时,要求测量员具有较专业的人体测量技术,熟知人体各部位的测量方法,并能熟练操作常用测量工具。

(3) 测量工具

人体数据采集的主要测量工具包括人体测高仪和软卷尺。

a. 人体测高仪:由一杆刻度以毫米为单位,垂直安装的尺及一把可活动的尺 (水平游标)组成。

b. 软卷尺:刻度以厘米为单位的硬塑软尺,是量体最主要的基本工具。

(4) 注意事项

a. 使用软尺测量人体时,要适度地拉紧软尺,不宜过紧或过松,要保持测量时纵直横平。

b. 要求被测量者立姿端正,保持自然,不低头,不挺胸等,以免影响测量的准确性。

c. 做好测量后的数据记录,特殊体型者除了加量特殊部位尺寸外,还应该特别注明特征和要求。

2. 人体测量方法

设计冲锋衣时所涉及的主要人体尺寸有颈围、胸围、背长、全臂长、肩宽和腕围等,各尺寸的人体测量方法参见前面章节,不再邀述。

3. 人体及成衣尺寸表

在获取人体尺寸后,根据冲锋衣款式需要进行成衣尺寸设计,具体尺寸见表4-3。

表4-3　人体尺寸及成衣尺寸表　　　　　　　　　　单位:cm

测量部位	净尺寸	外衣成衣尺寸	内里成衣尺寸
颈围/领围	42	48	46
胸围	83	120	105
背长/衣长	51	73	71
全臂长/袖长	63	66	63
肩宽	47	50	49
腕围/袖口	17	——	——

(三) 缝型和缝份设计

1. 冲锋衣缝型结构

冲锋衣缝型标位图如图4-13~图4-15所示。

图4-13　冲锋衣外衣面料缝型标位图

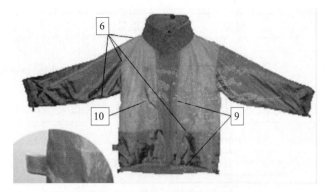

图 4 - 14 冲锋衣外衣里料缝型标位图

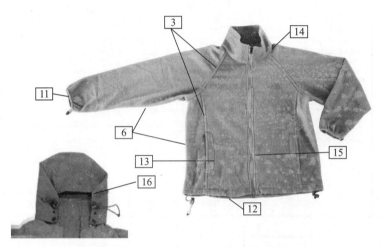

图 4 - 15 冲锋衣内里面料缝型标位图

2. 缝型和缝量

冲锋衣缝型标位图对应细节一览表见表 4 - 4。

表 4 - 4 缝型缝量一览表　　　　　　　　　　　单位:cm

编　号	缝型	缝量(cm)	说明
1		2	双纫缝,缝份为平缝的两倍,有装饰作用
2		2	口袋处,将面料、袋口布、拉链、里料缝合在一起

续表

编　号	缝型	缝量（cm）	说明
3		2	双绗缝,缝量为平缝的两倍,有装饰作用
4		1	中间夹层为门襟布
5		1	袖口边缘缝,两层均为面料
6		1	平缝
7		1	为领口缝型,中间夹层内包裹松紧带
8		1	为下摆缝型,中间夹层包裹松紧带
9		1	无
10		0.5	松紧带,弹性较好,不易脱散,只需0.5cm的缝份即可
11		0.5	松紧带,弹性较好,不易脱散,只需0.5cm的缝份即可

续表

编　号	缝型	缝量(cm)	说明
12	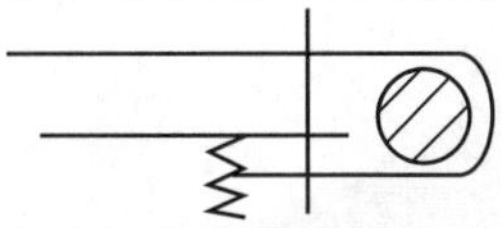	1	中间包裹松紧带,面料较里料长,面料拷边
13	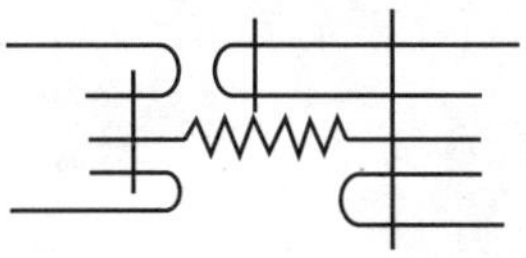	1	内里的口袋处缝,将内里的绒面料、拉链、网格里料缝合在一起
14	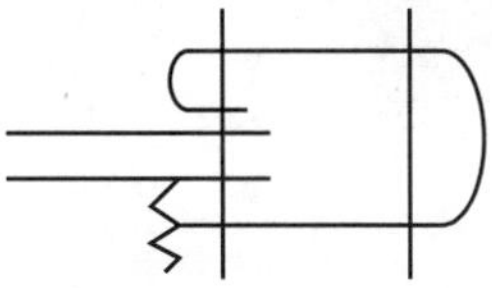	1	内里领子与衣身的拼接缝
15		2	内里门襟处的缝型、缝量
16	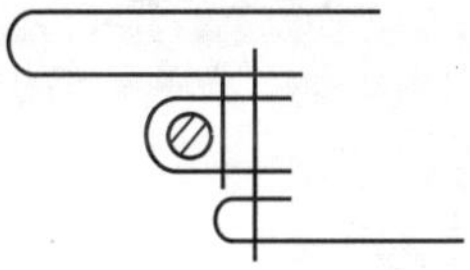	1	外套帽子帽檐缝型,中间包裹皮筋条

四、中心样版制作解析

(一) 样版数量设计

1. 裁剪样版数量设计

冲锋衣的裁剪样版主要包括前后片、袖片和领片的面料样版和里料样版。男式冲锋衣外衣各样版在成衣的具体位置如图 4-16 所示,内里各样版在成衣的具体位置如图 4-17 所示。每种样版的具体部位名称、面料种类、数量以及其对应成衣的位置编号见表 4-7 和表 4-8。

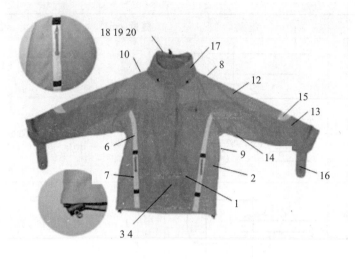

图 4-16　外衣样版指向图

图 4-17　内里样版指向图

2. 工艺样版数量设计

在冲锋衣的制作过程中，为了保证衬衫裁片大小相同、定位准确，需要相关工艺样版来确保裁片质量和缝制质量。具体工艺样版数量见表 4-5 和表 4-6。

表 4-5　冲锋衣外衣样版数量设计表

部位名称、面料种类及对应位置编号		结构设计（片）	样版数量（片）		辅配料类型	备注
			裁剪样版	工艺样版		
领面	18　面料	1	1×1	定型样版1	止口贴布 1×1（领中）；唛 1（主唛）+1（洗唛）+1（尺唛）；1（领上口）；弹簧扣	外片包覆里片，与领里有大小差异，且由于外片有装拉链的要求，使其有分割
	23　里料	1	1×2			领子包覆帽子，故需要里料
	31　绒料		1×1			放在靠脖子的内侧

部位名称 面料种类及位置			结构设计 （片）	样版数量（片）		辅配料类型	备注
				裁剪样版	工艺样版		
领头	22	面料	1	1×1			用于包裹松紧带，收服领口，御寒
领角	32	绒料	1	1×1			防止拉链刮刺颈部，起包覆拉链头的作用
帽子	19	面料	1+1+1	1×2+1×1+ 1×2		按扣1×3（帽子）	帽面为两片的结构 帽檐条一个 帽口松紧带包条
	24	里料	1	1×2+1×1			与帽子面料对应
前片	01	面料	1	1×2		拉链1（外门襟）+1 （内门襟）+1×2 （口袋）；1×4（门 襟）	左、右片对称
	25	里料	2	2×2			左右片对称，分为上下，网格里料与灰色里料两种
前侧	02	面料	1	1×2+2×2			左、右片对称；前侧装饰条左右片对称，上下分开
护胸	03	面料	1	1×2			用于盖住拉链，挡风，两片叠缝
护胸 垫布	04	面料	1	1×2			用于防止护胸自动吸盖住拉链，双层
袋口 贴布	08	面料	1	1×4			一个口袋上袋缝于贴布中间处，两边贴布完全相同
门襟里 贴条	06	面料	1	1×2			左、右片对称
门襟头	33	绒料	1	1×1			防止门襟刮刺颈部，起包覆门襟头的作用
拉链 垫布	05	面料	2	2×1			颜色不同，长短差异
后片	09	面料	1	1×1		松紧带1（下口）；弹簧扣	对称片
	26	里料	2	2×1			有上下，网格里料与灰色里料两种
后侧	10	面料	1	1×2			左、右片对称
后过肩	11	面料	1	1×1			于后片上方，仅需一片
下摆内 贴条	12	面料	1	1×1			用于装松紧带，收缩下摆
上袖片	13	面料	1	1×2			左右片对称，且前后无分割

续表

部位名称 面料种类及位置		结构设计 （片）	样版数量（片）		辅配料类型	备注
			裁剪 样版	工艺 样版		
中袖片	14 面料	2	2×2			左右片对称,但前后有分割,导致前后差异
下袖片	15 面料	2	2×2		扣襻1×2(袖口) +1	左右片对称,但前后有分割,导致前后差异
袖片	27 里料	1	1×2			类似于一片袖的里料设计,左、右对称
袖装饰片	16 面料	1	1×2			左、右片对称
袖口搭条	17 面料	1	1×4			左、右片对称
口袋布	28 里料	2	2×2		止口贴布1×4 (口袋)	两片口袋布拼接成一个口袋,由于袋口倾斜设计,使得两块袋布尺寸差异,但左右口袋对称
里口袋布	29 里料	1	1×1			
里袋口嵌条皮筋	30 里料	1	1×1			

表4-6 冲锋衣内里样版数量设计表

部位名称		结构设计 （片）	样版数量（片）		辅配料类型	备注
			裁剪 样版	工艺 样版		
后中片	01 面料	1	1×1		松紧条2 松紧带1	左右对称
	09 里料	1	1×1			网料
后侧片	02 面料	1	1×2		主标1,水洗标1, 尺码标1	后片两侧分割,左右对称
	09 里料	1	1×1			
前中片	03 面料	1	1×1		拉链1(门襻)	左右对称
	08 里料	1	1×2			网格料
前侧片	04 面料	1	1×2		拉链2(口袋)	中间分割,左右对称
	08 里料	1	1×2			
袖片	05 面料	2	2×1		袖口松紧嵌条2 搭扣3	典型插肩袖结构
	10 里料	2	2×1			与面料对应的插肩袖结构

部位名称		结构设计（片）	样版数量（片）		辅配料类型	备注
			裁剪样版	工艺样版		
袋盖	06　面料	1	1×2	定型样版1		左右两个插袋对称
袋布	11　里料	2	2×2			两片口袋布拼接成一个口袋
领片	07　面料	2	2×2	定型样版1	装饰商标1	立领

（二）裁剪样版

1. 样版缝量图

（1）冲锋衣外衣各面料样版加缝量后样版图见图4-18、图4-19。

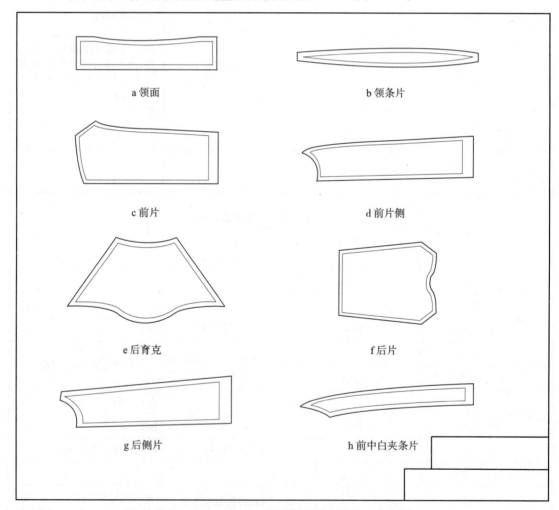

a 领面

b 领条片

c 前片

d 前片侧

e 后育克

f 后片

g 后侧片

h 前中白夹条片

图4-18　冲锋衣外衣面料样版缝量优化示意图1

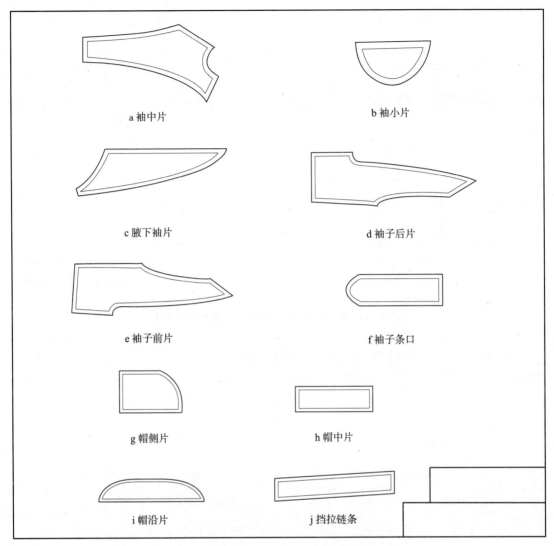

a 袖中片　　　　　　　　b 袖小片

c 腋下袖片　　　　　　　d 袖子后片

e 袖子前片　　　　　　　f 袖子条口

g 帽侧片　　　　　　　　h 帽中片

i 帽沿片　　　　　　　　j 挡拉链条

图 4-19　冲锋衣外衣面料样版缝量优化示意图 2

（2）冲锋衣外衣各里料样版加缝量后样版图见图 4-20～图 4-21。

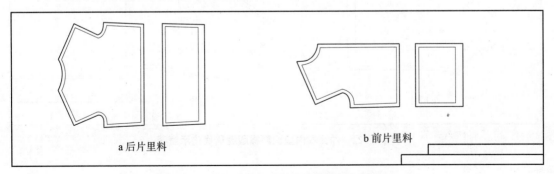

a 后片里料　　　　　　　　　b 前片里料

图 4-20　冲锋衣外衣里料样版缝量优化示意图 1

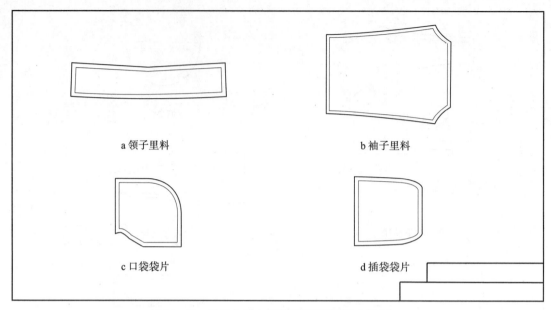

a 领子里料　　　　　　　　b 袖子里料

c 口袋袋片　　　　　　　　d 插袋袋片

图 4 - 21　冲锋衣外衣里料样版缝量优化示意图 2

（3）冲锋衣内里各面料样版加缝量后样版图见图 4 - 22。

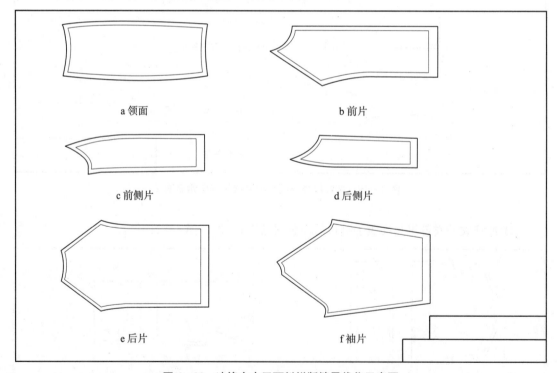

a 领面　　　　　　　　　　b 前片

c 前侧片　　　　　　　　　d 后侧片

e 后片　　　　　　　　　　f 袖片

图 4 - 22　冲锋衣内里面料样版缝量优化示意图

（4）冲锋衣内里各里料样版加缝量后样版图见图 4 - 23。

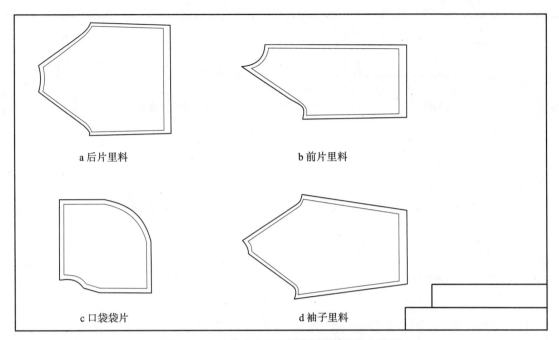

a 后片里料　　　　　　　　b 前片里料

c 口袋袋片　　　　　　　　d 袖子里料

图 4 - 23　冲锋衣内里里料样版缝量优化示意图

2. 样版缝量标定图

（1）冲锋衣外衣各面料样版加缝量标定后的样版图见图 4 - 24、图 4 - 25。

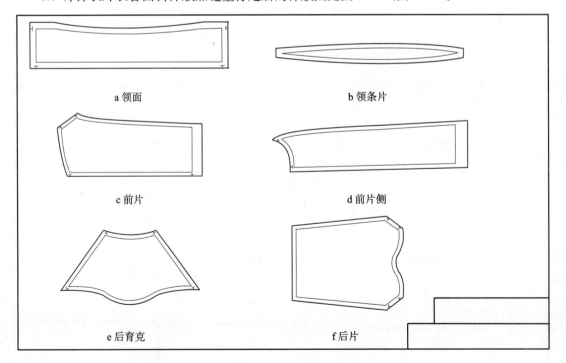

a 领面　　　　　　　　b 领条片

c 前片　　　　　　　　d 前片侧

e 后育克　　　　　　　　f 后片

图 4 - 24　冲锋衣外衣面料样版缝量标定优化示意图 1

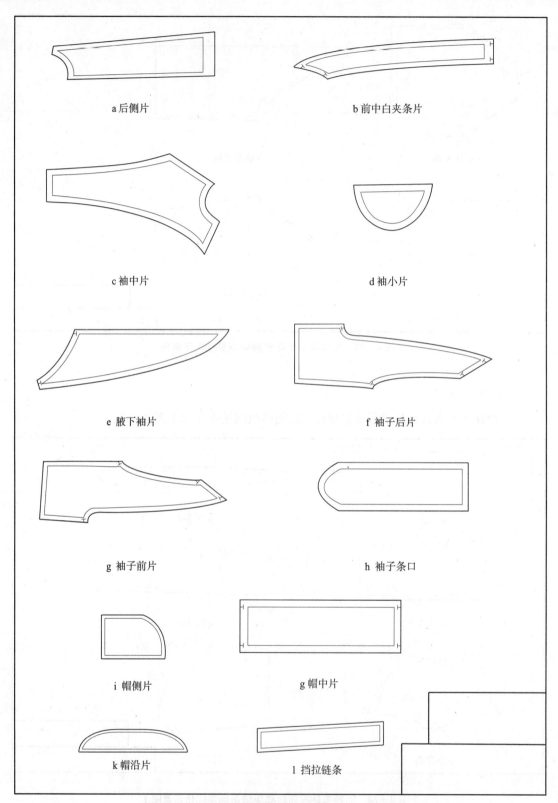

a 后侧片

b 前中白夹条片

c 袖中片

d 袖小片

e 腋下袖片

f 袖子后片

g 袖子前片

h 袖子条口

i 帽侧片

g 帽中片

k 帽沿片

l 挡拉链条

图 4-25　冲锋衣外衣面料样版缝量标定优化示意图 2

（2）冲锋衣外衣各里料样版加缝量标定后的样版图见图 4-26。

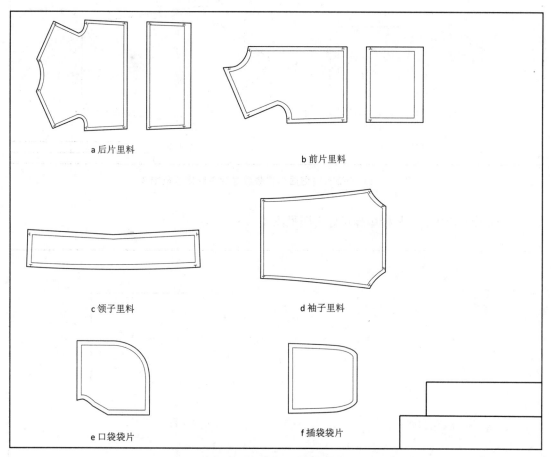

a 后片里料

b 前片里料

c 领子里料

d 袖子里料

e 口袋袋片

f 插袋袋片

图 4-26　冲锋衣外衣里料样版缝量标定优化示意图

（3）冲锋衣内里各面料样版缝量标定图见图 4-27、图 4-28。

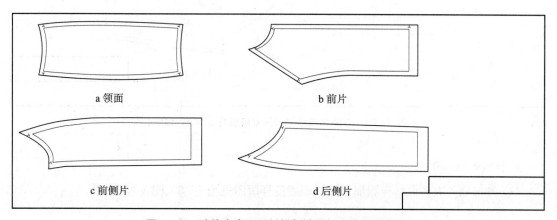

a 领面

b 前片

c 前侧片

d 后侧片

图 4-27　冲锋衣内里面料样版缝量标定优化示意图 1

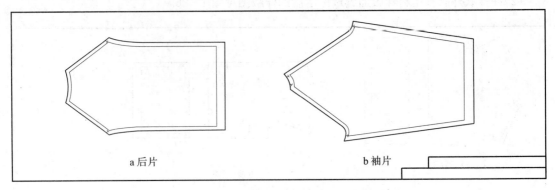

图 4-28　冲锋衣内里面料样版缝量标定优化示意图 2

（4）冲锋衣内里各里料样版缝量标定图见图 4-29。

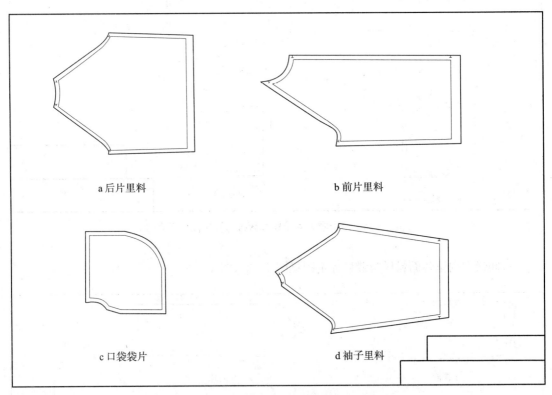

图 4-29　冲锋衣内里里料样版缝量标定优化示意图

3. 样版对位标识图

（1）冲锋衣外衣各面料样版加对位标识后的样版图见图 4-30、图 4-31。

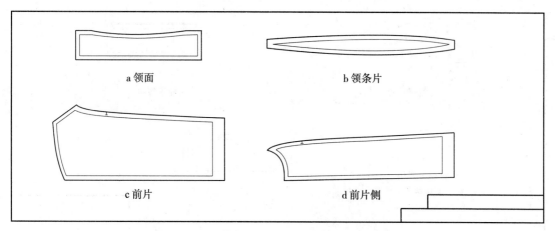

a领面　　　　　　　　　　　b领条片

c前片　　　　　　　　　　　d前片侧

图4-30　冲锋衣外衣面料样版对位标识示意图1

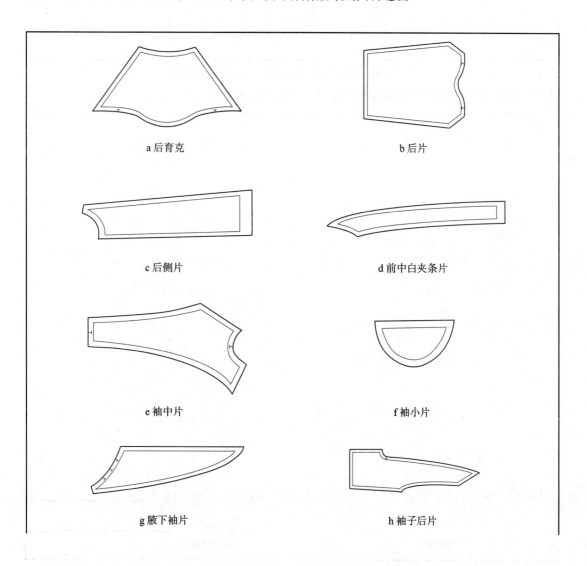

a后育克　　　　　　　　　　b后片

c后侧片　　　　　　　　　d前中白夹条片

e袖中片　　　　　　　　　　f袖小片

g腋下袖片　　　　　　　　　h袖子后片

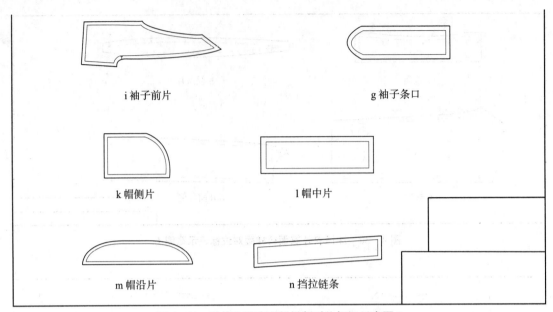

i 袖子前片　　　　　　　　　　　　g 袖子条口

k 帽侧片　　　　　　　l 帽中片

m 帽沿片　　　　　　　n 挡拉链条

图 4 - 31　冲锋衣外衣面料样版对位标识示意图 2

（2）冲锋衣外衣各里料样版加对位标识后的样版图见图 4 - 32。

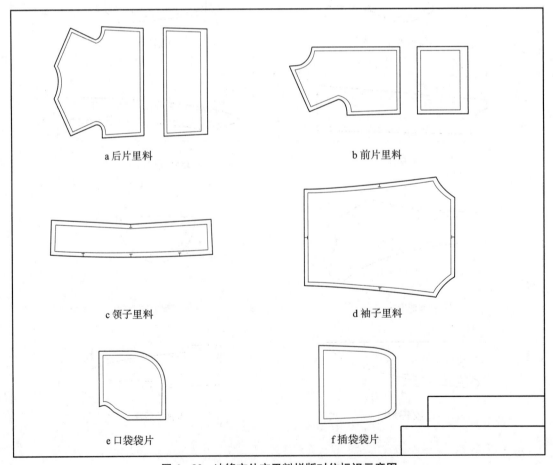

a 后片里料　　　　　　　　　　　　b 前片里料

c 领子里料　　　　　　　　　　　　d 袖子里料

e 口袋袋片　　　　　　　　　　　　f 插袋袋片

图 4 - 32　冲锋衣外衣里料样版对位标识示意图

(3)冲锋衣内里各面料样版对位标识图见图 4 - 33。

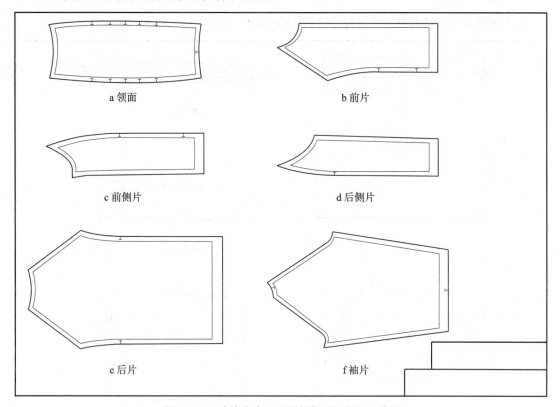

a 领面   b 前片

c 前侧片   d 后侧片

e 后片   f 袖片

图 4 - 33 冲锋衣内里面料样版对位标识示意图

(4)冲锋衣内里各里料样版对位标识图见图 4 - 34。

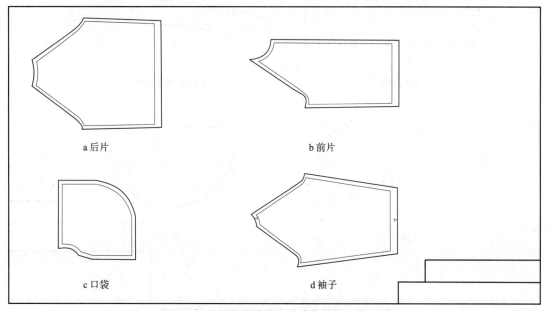

a 后片   b 前片

c 口袋   d 袖子

图 4 - 34 冲锋衣内里里料样版对位标识示意图

4. 样版符号标识图

（1）冲锋衣外衣各面料样版加符号标识后的样版图见图4-35、图4-36。

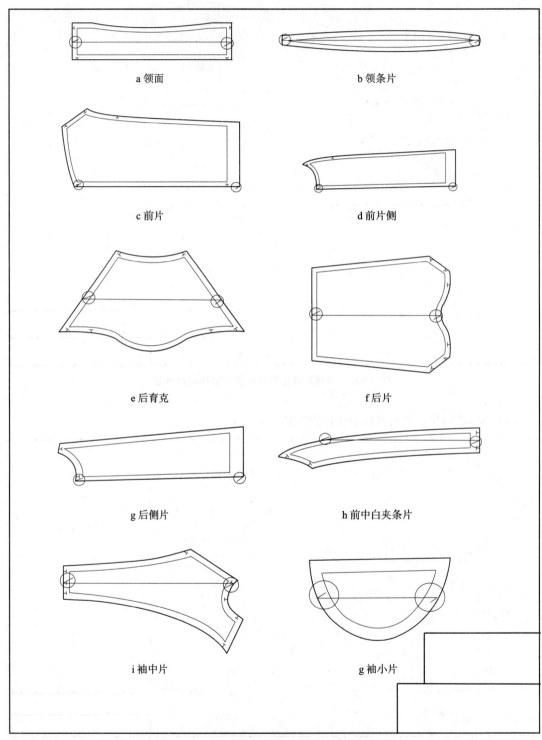

a 领面

b 领条片

c 前片

d 前片侧

e 后育克

f 后片

g 后侧片

h 前中白夹条片

i 袖中片

g 袖小片

图4-35 冲锋衣外衣面料样版符号标识示意图1

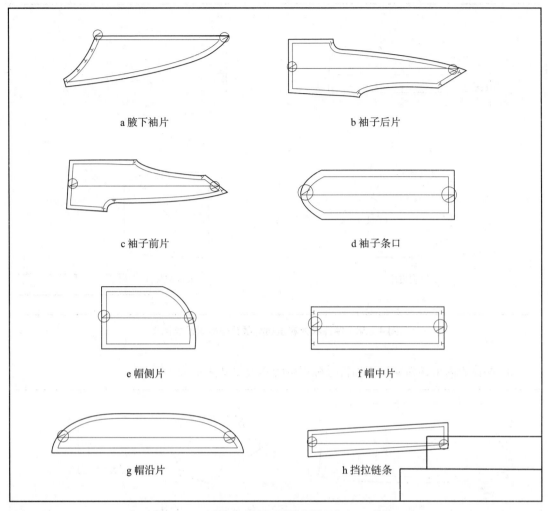

a 腋下袖片　　　　　　　　　b 袖子后片

c 袖子前片　　　　　　　　　d 袖子条口

e 帽侧片　　　　　　　　　　f 帽中片

g 帽沿片　　　　　　　　　　h 挡拉链条

图 4 - 36　冲锋衣外衣面料样版符号标识示意图 2

（2）冲锋衣外衣各里料样版加符号标识后的样版图见图 4 - 37、图 4 - 38。

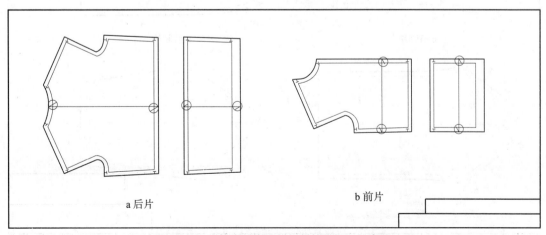

a 后片　　　　　　　　　　　b 前片

图 4 - 37　冲锋衣外衣里料样版符号标识示意图 1

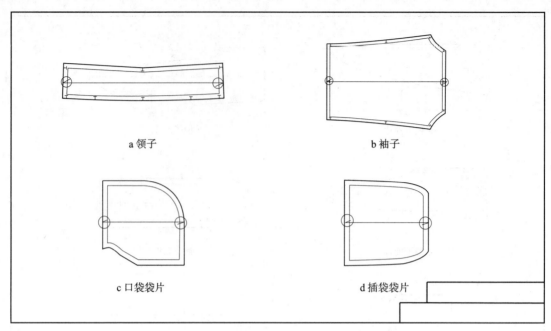

图 4－38　冲锋衣外衣里料样版符号标识示意图 2

（3）冲锋衣内里各面料样版加符号标识后的样版图见图 4－39。

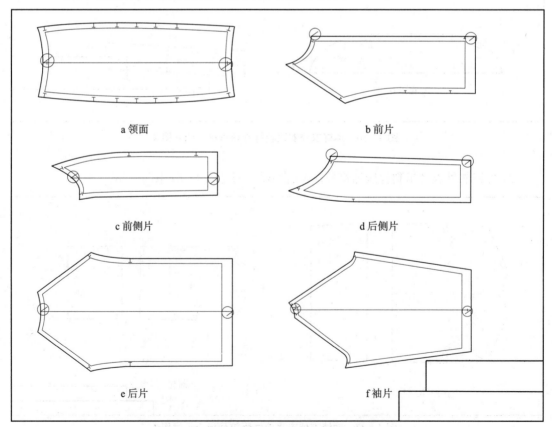

图 4－39　冲锋衣内里面料样版符号标识示意图

（4）冲锋衣内里各里料样版加符号标识后的样版图见图4-40。

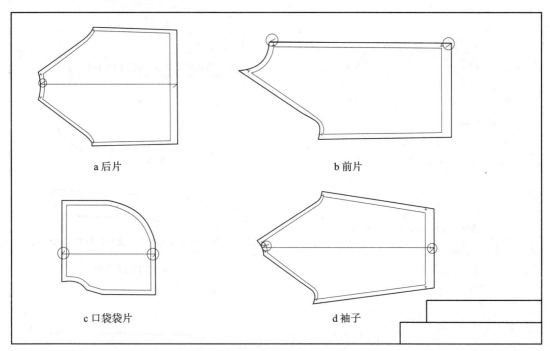

a 后片　　　　　　　　　　　　　　b 前片

c 口袋袋片　　　　　　　　　　　　d 袖子

图4-40　冲锋衣内里里料样版符号标识示意图

5.样版文字标定图

（1）冲锋衣各面料样版加文字标定后的样版图见图4-41～图4-43。

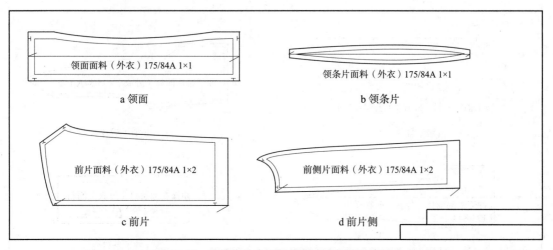

领面面料（外衣）175/84A 1×1

a 领面

领条片面料（外衣）175/84A 1×1

b 领条片

前片面料（外衣）175/84A 1×2

c 前片

前侧片面料（外衣）175/84A 1×2

d 前片侧

图4-41　冲锋衣外衣面料样版文字标定示意图1

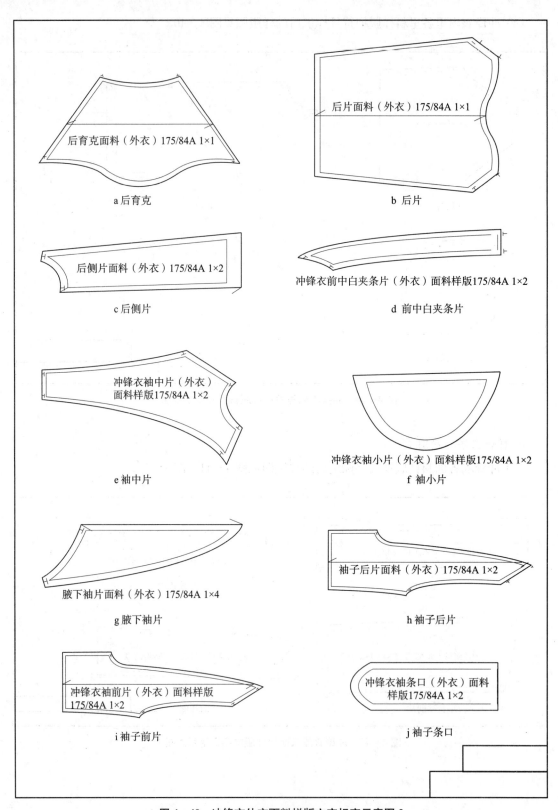

后育克面料（外衣）175/84A 1×1

a 后育克

后片面料（外衣）175/84A 1×1

b 后片

后侧片面料（外衣）175/84A 1×2

c 后侧片

冲锋衣前中白夹条片（外衣）面料样版175/84A 1×2

d 前中白夹条片

冲锋衣袖中片（外衣）面料样版175/84A 1×2

e 袖中片

冲锋衣袖小片（外衣）面料样版175/84A 1×2

f 袖小片

腋下袖片面料（外衣）175/84A 1×4

g 腋下袖片

袖子后片面料（外衣）175/84A 1×2

h 袖子后片

冲锋衣袖前片（外衣）面料样版175/84A 1×2

i 袖子前片

冲锋衣袖条口（外衣）面料样版175/84A 1×2

j 袖子条口

图 4-42　冲锋衣外衣面料样版文字标定示意图 2

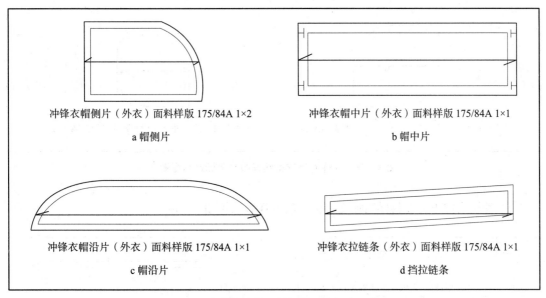

冲锋衣帽侧片（外衣）面料样版 175/84A 1×2

a 帽侧片

冲锋衣帽中片（外衣）面料样版 175/84A 1×1

b 帽中片

冲锋衣帽沿片（外衣）面料样版 175/84A 1×1

c 帽沿片

冲锋衣拉链条（外衣）面料样版 175/84A 1×1

d 挡拉链条

图 4－43 冲锋衣外衣面料样版文字标定示意图 3

（2）冲锋衣各里料样版加文字标定后的样版图见图 4－44、图 4－45。

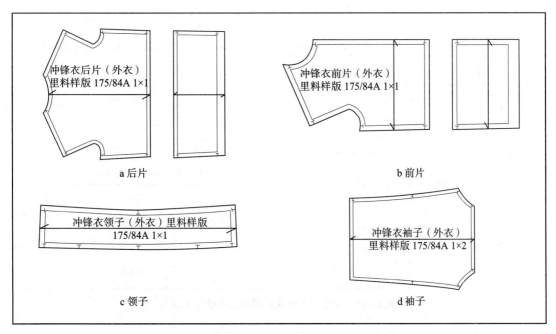

冲锋衣后片（外衣）里料样版 175/84A 1×1

a 后片

冲锋衣前片（外衣）里料样版 175/84A 1×1

b 前片

冲锋衣领子（外衣）里料样版 175/84A 1×1

c 领子

冲锋衣袖子（外衣）里料样版 175/84A 1×2

d 袖子

图 4－44 冲锋衣外衣里料样版文字标定示意图 1

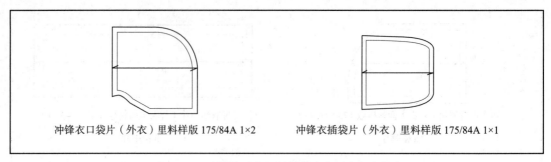

冲锋衣口袋片（外衣）里料样版 175/84A 1×2　　　冲锋衣插袋片（外衣）里料样版 175/84A 1×1

图 4 - 45　冲锋衣外衣里料样版文字标定示意图 2

（3）冲锋衣内里各面料样版加文字标定后的样版图见图 4 - 46。

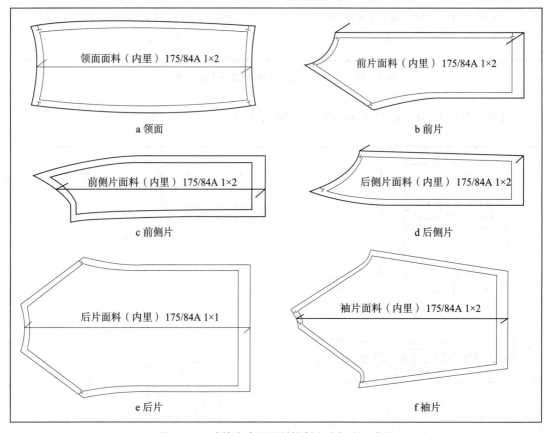

a 领面　　　　　　　　　　　　　　　　　b 前片

c 前侧片　　　　　　　　　　　　　　　　d 后侧片

e 后片　　　　　　　　　　　　　　　　　f 袖片

（领面面料（内里）175/84A 1×2）
（前片面料（内里）175/84A 1×2）
（前侧片面料（内里）175/84A 1×2）
（后侧片面料（内里）175/84A 1×2）
（后片面料（内里）175/84A 1×1）
（袖片面料（内里）175/84A 1×2）

图 4 - 46　冲锋衣内里面料样版文字标定示意图

（4）冲锋衣内里各里料样版加文字标定后的样版图见图 4 - 47。

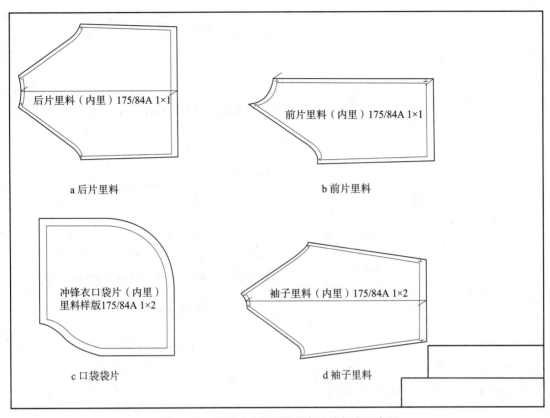

图4-47 冲锋衣内里里料样版文字标定示意图

6.样版完成图

(1)面料样版

冲锋衣外衣各面料样版完成图见图4-48～图4-50。

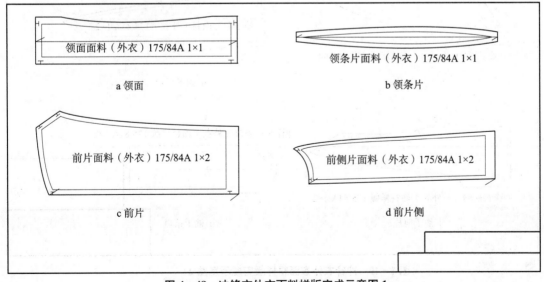

图4-48 冲锋衣外衣面料样版完成示意图1

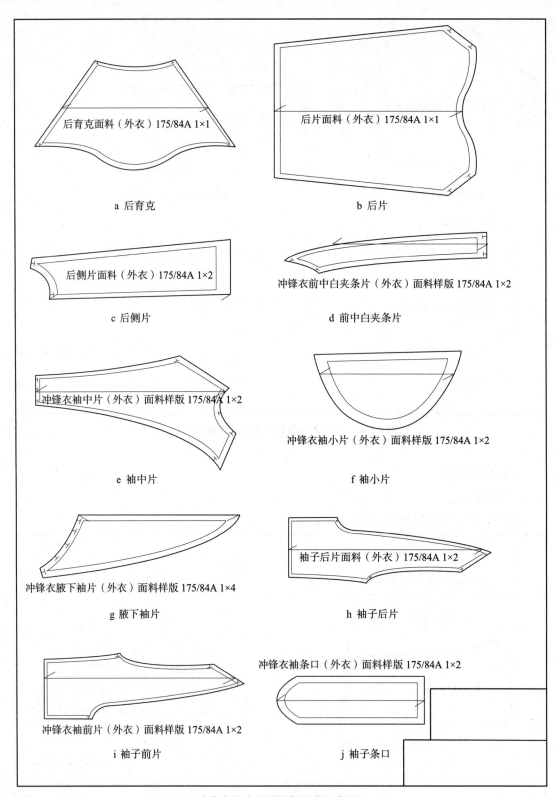

a 后育克　　　　　　　　　　　　　　b 后片

c 后侧片　　　　　　　　　　　　　　d 前中白夹条片

e 袖中片　　　　　　　　　　　　　　f 袖小片

g 腋下袖片　　　　　　　　　　　　　h 袖子后片

i 袖子前片　　　　　　　　　　　　　j 袖子条口

图4－49　冲锋衣外衣面料样版完成示意图2

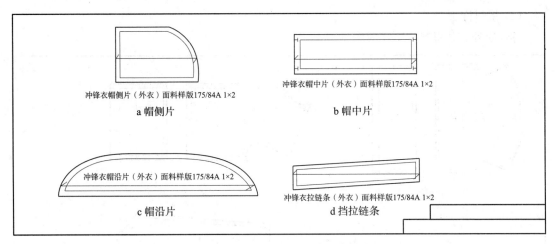

a 帽侧片

b 帽中片

c 帽沿片

d 挡拉链条

图 4 - 50 冲锋衣外衣面料样版完成示意图 3

冲锋衣内里各面料样版完成图见图 4 - 51。

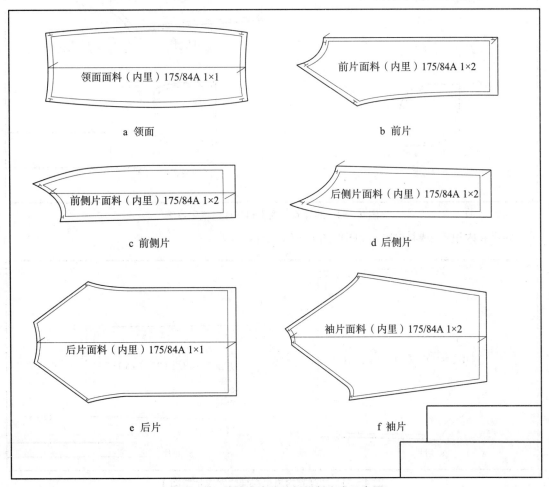

a 领面

b 前片

c 前侧片

d 后侧片

e 后片

f 袖片

图 4 - 51 冲锋衣内里面料样版完成示意图

（2）里料样版

冲锋衣外衣各里料样版完成图见图 4-52。

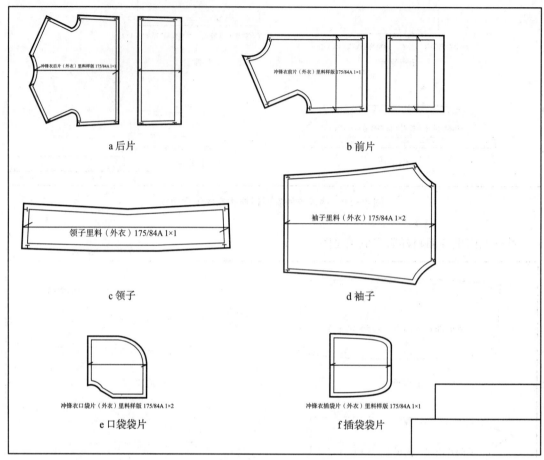

a 后片　　　　　　　　　　　　　　b 前片

c 领子　　　　　　　　　　　　　　d 袖子

e 口袋袋片　　　　　　　　　　　　f 插袋袋片

图 4-52　冲锋衣外衣里料样版完成示意图

冲锋衣内里各里料样版完成图见图 4-53～图 4-54。

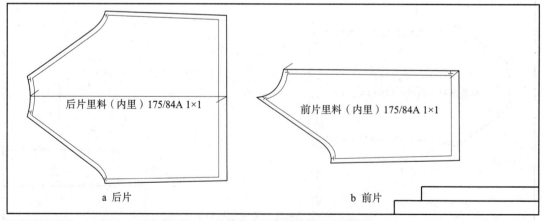

a 后片　　　　　　　　　　　　　　b 前片

图 4-53　冲锋衣内里里料样版完成示意图 1

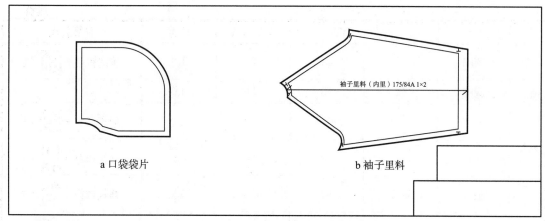

图 4－54　冲锋衣内里里料样版完成示意图 2

（三）工艺样版

冲锋衣成衣制作过程中需要的定型样版为领子定型样版，如图 4－55 所示。

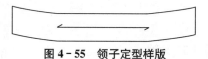

图 4－55　领子定型样版

五、成衣系列样版设计

（一）冲锋衣成衣规格设计

根据 GB/T1335.2—2008 男子 5.4 系列国家标准号型，选择 A 体型的中间体 175/90A 为冲锋衣的中间号型。故冲锋衣系列号型为 170/88A，175/90A，180/92A。

冲锋衣成品规格设计如表 4－7 所示。

表 4－7　冲锋衣成品规格设计　　　　　　　　　　　　　　单位：mm

		170/88A	175/90A	180/92A	档差	计算公式
外衣	领围	39	41	41	1.0	领围档差＝$\dfrac{领围}{胸围}$×4
	胸围	100	104	108	4.0	
	肩宽	47.3	48.5	49.7	1.2	肩宽档差＝$\dfrac{肩宽}{胸围}$×4
	衣长	67	69	71	2	衣长档差＝$\dfrac{衣长}{身高}$×5
	袖长	59	60.5	62	1.5	袖长档差＝$\dfrac{袖长}{身高}$×5
	袖口围	24	25	26	1	袖口围档差＝$\dfrac{领围}{胸围}$×4

		170/88A	175/90A	180/92A	档差	计算公式
内里	领围	40	41	42	1.0	领围档差＝$\dfrac{领围}{胸围}×4$
	胸围	71	75	79	4.0	
	肩宽	46.3	47.5	48.7	1.2	肩宽档差＝$\dfrac{肩宽}{胸围}×4$
	衣长	69	71	73	2	衣长档差＝$\dfrac{衣长}{身高}×5$
	袖长	60.5	62	63.5	1.5	袖长档差＝$\dfrac{袖长}{身高}×5$
	袖口围	23	24	25	1	袖口围档差＝$\dfrac{领围}{胸围}×4$

注:表中各规格尺寸均未考虑缩率因素。

(二) 建立坐标系

1. 前、后衣片坐标系选择

1)以前、后中心线为前、后片的 Y 轴;

2)以胸围线为前、后片的 X 轴。

2. 后肩育克坐标系选择

1)以后片肩育克的分割线为 X 轴;

2)以后中线为 Y 轴。

3. 领片坐标系选择

领片以领后中线为围度基准线。

4. 袖片坐标系选择

1)以袖肥线为袖片的 X 轴;

2)以袖中线为袖片的 Y 轴。

(三) 确定推档点

1. 外衣

冲锋衣外衣各面料样版推档点图见图 4-56～图 4-64。

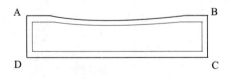

图 4-56　领面

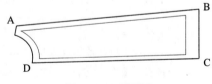

图 4-57　后侧片

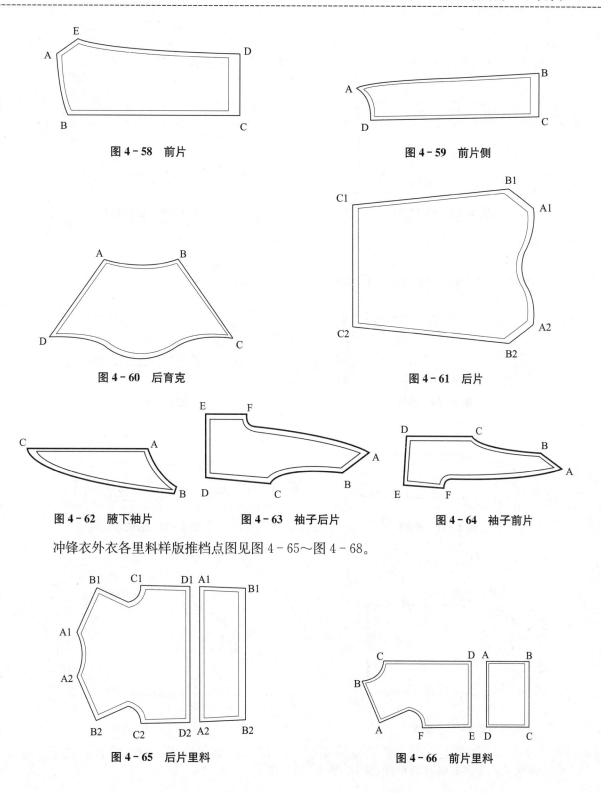

图 4 - 58　前片

图 4 - 59　前片侧

图 4 - 60　后育克

图 4 - 61　后片

图 4 - 62　腋下袖片

图 4 - 63　袖子后片

图 4 - 64　袖子前片

冲锋衣外衣各里料样版推档点图见图 4 - 65～图 4 - 68。

图 4 - 65　后片里料

图 4 - 66　前片里料

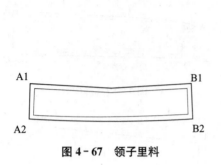

图 4-67　领子里料

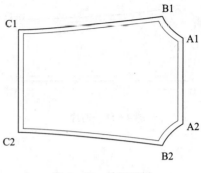

图 4-68　袖子里料

2. 内里

冲锋衣内里各面料样版推档点图见图 4-69～图 4-74。

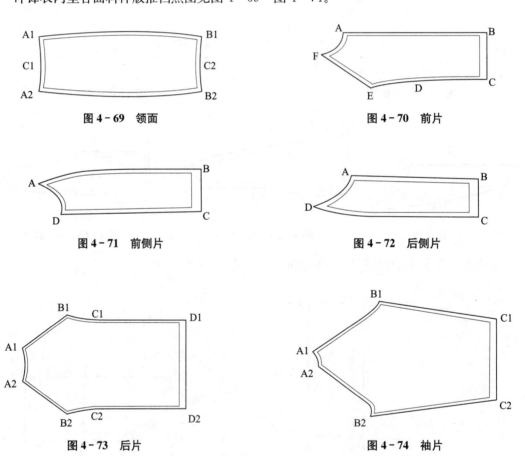

图 4-69　领面

图 4-70　前片

图 4-71　前侧片

图 4-72　后侧片

图 4-73　后片

图 4-74　袖片

冲锋衣内里各里料样版推档点图见图 4-75～图 4-77。

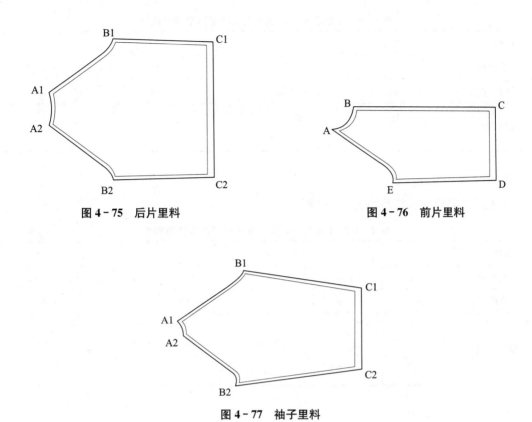

图 4 - 75　后片里料　　　　　　　　图 4 - 76　前片里料

图 4 - 77　袖子里料

（四）点推档

1. 外衣前片面料

外衣前片面料样版各点推档值如表 4 - 8 所示。

单位：cm

表 4 - 8　冲锋衣外衣前片面料样版推档值数据表

推档点	A	B	C	D	E
X 推档值	−0.26	−0.33	0.45	1.2	−0.05
Y 推档值	0.38	1	1	−0.45	−0.24
推档方向	0.38 0.26	1.00 0.26	1.00 0.45	0.45 1.20	0.24 0.05

2. 外衣前侧片面料

外衣前侧片面料样版各点推档值如表 4 - 9 所示。

表4-9　冲锋衣外衣前侧片面料样版推档值数据表　　　　单位:cm

推档点	A	B	C	D
X推档值	−0.05	1.2	1.2	0
Y推档值	0.24	0.45	0	0
推档方向		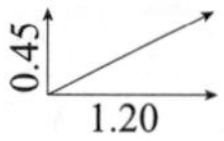	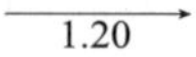	

3. 外衣后片面料

外衣后片各放码点档差如表4-10所示。

表4-10　冲锋衣外衣后片面料样版推档值数据表　　　　单位:cm

推档点	A1	A2	B1	B2	C1	C2
X推档值	0.48	0.48	0.24	0.24	−1.2	−1.2
Y推档值	0.67	−0.67	0.74	−0.74	0.45	−0.45
推档方向	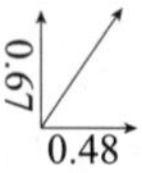				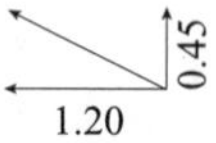	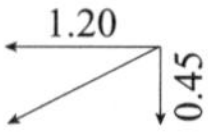

4. 外衣肩育克面料

外衣后育克各放码点档差如表4-11所示。

表4-11　冲锋衣外衣后育克面料样版推档值数据表　　　　单位:cm

推档点	A	B	C	D
X推档值	0	0	−0.67	0.67
Y推档值	0	0	0	0
推档方向			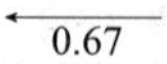	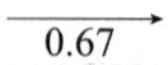

注:因冲锋衣过肩在传统的裁剪制图中长度一般保持不变,所以过肩中各点的纵档差均为0。

5. 外衣后侧片面料

外衣后侧片各放码点档差如表4-12所示。

表4-12　冲锋衣外衣后侧片面料样版推档值数据表　　　　单位:cm

推档点	A	B	C	D
X推档值	0	1.2	1.2	−0.24
Y推档值	1	1	0.45	0.74
推档方向		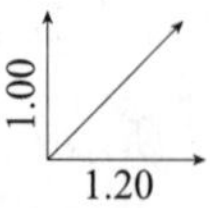	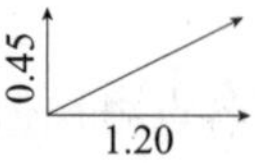	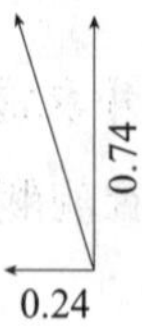

6. 外衣领面面料

领部只在围度上有变化量,其变化量与衣片领围变化量相等,见表 4-13。

表 4-13 冲锋衣领面面料样版推档值数据表　　　　　单位:cm

推档点	A	B	C	D
X 推档值	−0.5	0.5	0.5	−0.5
Y 推档值	0	0	0	0
推档方向	← 0.5	0.5 →	0.5 →	← 0.5

7. 外衣袖子面料

袖子各放码点档差如表 4-14~表 4-16 所示。

表 4-14 冲锋衣袖子前片面料样版推档值数据表　　　　　单位:cm

推档点	A	B	C	D	E	F
X 推档值	0	−0.25	−0.75	−1.5	−1.5	−1.1
Y 推档值	0	0.25	0.5	0.5	0	0
推档方向		0.25 / 0.25	0.5 / 0.75	0.5 / 1.5	← 1.5	← 1.1

表 4-15 冲锋衣袖子后片面料样版推档值数据表

推档点	A	B	C	D	E	F
X 推档值	0	−0.25	−0.75	−1.5	−1.5	−1.1
Y 推档值	0	−0.25	−0.5	−0.5	0	0
推档方向		0.25 / 0.25	0.75 / 0.25	1.5 / 0.5	← 1.5	← 1.1

表 4-16 冲锋衣腋下袖片面料样版推档值数据表　　　　　单位:cm

推档点	A	B	C
X 推档值	−0.35	−0.25	−0.75
Y 推档值	0.5	0.25	0.5
推档方向	0.5 / 0.35	0.25 / 0.25	0.5 / 1.5

袖头宽在各尺码中保持不变,只是在袖头长度上变化,在放码时在袖头一侧沿长度方向进行1cm的档差缩放。

8. 外衣前片(上)里料

冲锋衣外衣前片里料各放码点档差如表 4-17 所示。

表 4-17　冲锋衣外衣前片面料样版推档值数据表　　　　　　　单位:cm

推档点	A	B	C	D	E	F
X 推档值	0.71	0.82	0.55	0.55	0.55	0
Y 推档值	0.17	0.75	1	1	0	0
推档方向						

9. 外衣前片(下)里料

外衣前片里料各放码点档差如表 4-18 所示。

表 4-18　冲锋衣前片里料样版推档值数据表　　　　　　　单位:cm

推档点	A	B	C	D
X 推档值	0	0.63	0.63	0
Y 推档值	1	1	0	0
推档方向				

10. 外衣后片(上)里料

外衣后片各放码点档差如表 4-19 所示。

表 4-19　冲锋衣后片里料样版推档值数据表　　　　　　　单位:cm

推档点	A1	A2	B1	B2	C1	C2	D1	D2
X 推档值	−0.71	−0.71	−0.71	−0.71	0	0	0.55	−0.55
Y 推档值	0.17	−0.17	0.75	−0.75	1	−1	1	1
推档方向								

11. 外衣后片(下)里料

外衣后片各放码点档差如表 4-20 所示。

表 4-20　冲锋衣后片里料样版推档值数据表　　　　　单位:cm

推档点	A1	A2	B1	B2
X 推档值	0	0	0.63	0.63
Y 推档值	1	−1	1	−1
推档方向				

12. 外衣领片里料

外衣领片里料各放码点档差如表 4-21 所示。

表 4-21　冲锋衣领片里料样版推档值数据表　　　　　单位:cm

推档点	A1	A2	B1	B2
X 推档值	−0.5	0.5	0.5	−0.5
Y 推档值	0	0	0	0
推档方向	0.5	0.5	0.5	0.5

13. 外衣袖子里料

外衣袖子里料各放码点档差如表 4-22 所示。

表 4-22　冲锋衣袖子里料样版推档值数据表　　　　　单位:cm

推档点	A1	A2	B1	B2	C1	C2
X 推档值	0.25	0.25	0	0	−1.25	−1.25
Y 推档值	0.3	−0.3	0.5	−0.5	0.4	−0.4
推档方向						

14. 内里领片面料

内里领片面料各放码点档差如表 4-23 所示。

表 4-23　冲锋衣内里领片面料样版推档值数据表　　　　　单位:cm

推档点	A1	A2	B1	B2	C1	C2
X 推档值	−0.5	0.5	−0.5	0.5	−0.5	0.5
Y 推档值	0	0	0	0	0	0
推档方向	0.5	0.5	0.5	0.5	0.5	0.5

15. 内里前片面料

内里前片面料各放码点档差如表 4 - 24 所示。

表 4 - 24　冲锋衣前片面料样版推档值数据表　　　　单位:cm

推档点	A	B	C	D	E	F
X 推档值	−0.69	−0.32	1.35	1.35	0.61	0.6
Y 推档值	0.48	0.8	0.8	0.15	0.07	0.14
推档方向						

16. 内里前侧片面料

内里前侧片面料各放码点档差如表 4 - 25 所示。

表 4 - 25　冲锋衣前侧片面料样版推档值数据表　　　　单位:cm

推档点	A	B	C	D
X 推档值	0.6	1.35	1.35	0.16
Y 推档值	0.14	0.14	0.27	0.3
推档方向				

17. 内里后片面料

冲锋衣内里后片面料各放码点档差如表 4 - 26 所示。

表 4 - 26　冲锋衣内里后片面料样版推档值数据表　　　　单位:cm

推档点	A1	A2	B1	B2	C1	C2	D1	D2
X 推档值	−0.53	−0.53	0	0	0.48	0.48	1.35	1.35
Y 推档值	0.26	−0.26	0.79	−0.79	0.71	−0.71	0.71	−0.71
推档方向								

18. 内里后侧片面料

冲锋衣内里后侧片面料各放码点档差如表 4 - 27 所示。

表4-27　冲锋衣后侧片面料样版推档值数据表　　　　　单位:cm

推档点	A	B	C	D
X推档值	0.27	1.35	1.35	0.47
Y推档值	0.32	0.32	0.06	0.06
推档方向				

19. 内里袖片面料

内里袖片面料各放码点档差如表4-28所示。

表4-28　冲锋衣袖片面料样版推档值数据表　　　　　单位:cm

推档点	A1	A2	B1	B2	C1	C2
X推档值	−1.5	−1.5	1	1	0	0
Y推档值	0.1	−0.1	0.5	−0.5	0.4	−0.4
推档方向						

20. 内里后片里料

内里后片里料各放码点档差如表4-29所示。

表4-29　冲锋衣内里后片里料样版推档值数据表　　　　　单位:cm

推档点	A1	A2	B1	B2	C1	C2
X推档值	−0.81	−0.81	0	0	1.2	1.2
Y推档值	0.88	−0.88	1	−1	1	−1
推档方向						

21. 内里前片里料

内里前片里料各放码点档差如表4-30所示。

表 4-30　冲锋衣前片里料样版推档值数据表　　　　　　　　　单位:cm

推档点	A	B	C	D	E
X 推档值	−0.7	−0.48	1.2	1.2	0
Y 推档值	0.8	1	1	0	0
推档方向	0.8 / 0.7	1.0 / 0.48	1.00 / 1.2	1.2	

22. 内里袖片里料

内里袖片里料各放码点档差如表 4-31 所示。

表 4-31　冲锋衣袖片里料样版推档值数据表　　　　　　　　　单位:cm

推档点	A1	A2	B1	B2	C1	C2
X 推档值	−1.5	−1.5	1	1	0	0
Y 推档值	0.1	−0.1	0.5	−0.5	0.4	−0.4
推档方向	0.1 / 1.5	1.5 / 0.1	0.5 / 1.0	1.0 / 0.5	0.4	0.4

(五) 成衣系列样版

利用服装 CAD 中的放码功能,将各样版的放码量输入计算机中,生成各系列样版。

1. 外衣面料系列样版

冲锋衣外衣各面料样版图见图 4-78、图 4-79。

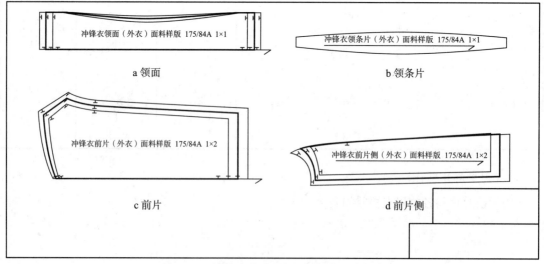

冲锋衣领面(外衣)面料样版 175/84A 1×1

a 领面

冲锋衣领条片(外衣)面料样版 175/84A 1×1

b 领条片

冲锋衣前片(外衣)面料样版 175/84A 1×2

c 前片

冲锋衣前片侧(外衣)面料样版 175/84A 1×2

d 前片侧

图 4-78　冲锋衣外衣面料系列样版示意图 1

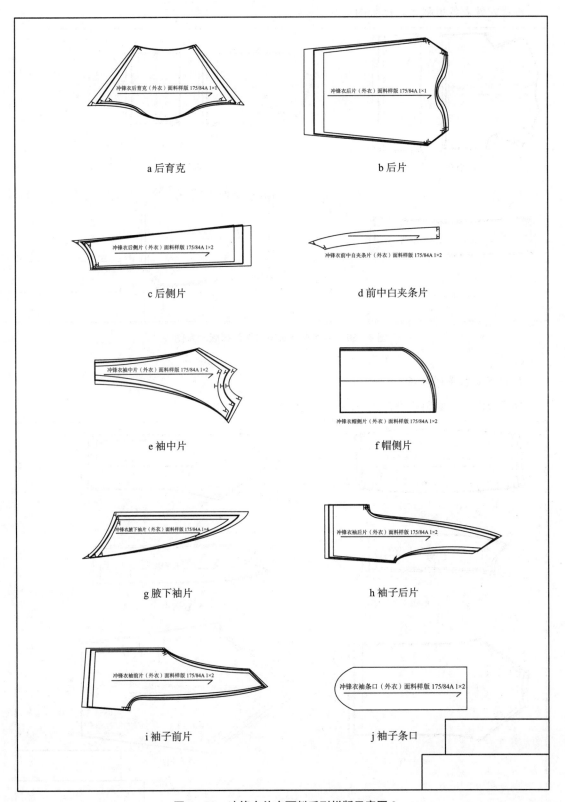

图 4-79 冲锋衣外衣面料系列样版示意图 2

冲锋衣外衣各里料系列样版图见图4-80。

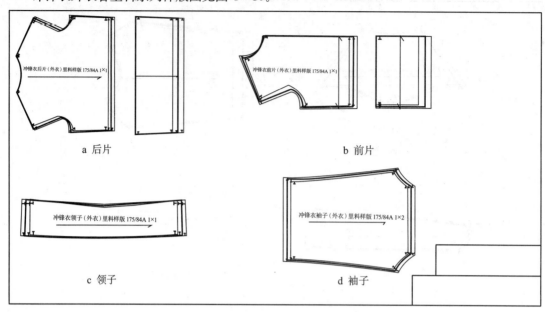

图4-80 冲锋衣外衣里料系列样版示意图

2. 内里面料系列样版

冲锋衣内里各面料系列样版见图4-81。

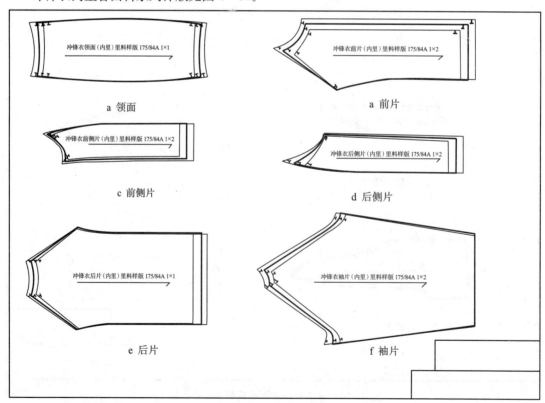

图4-81 冲锋衣内里面料系列样版示意图

冲锋衣内里各里料系列样版见图 4 - 82。

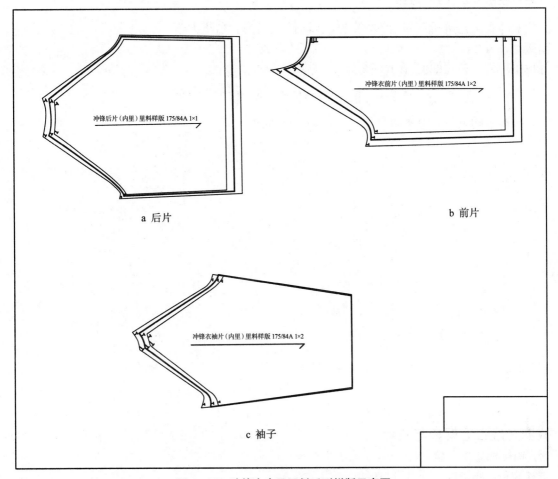

图 4 - 82　冲锋衣内里里料系列样版示意图

图书在版编目(CIP)数据

成衣样版工艺解析与设计/尚笑梅,李慧著.—上海:东华大学
出版社,2016.4
ISBN 978 - 7 - 5669 - 1010 - 3

Ⅰ.①成…　Ⅱ.①尚…②李…　Ⅲ.①服装量裁　Ⅳ.①TS941.631

中国版本图书馆 CIP 数据核字(2016)第 041555 号

成衣样版工艺解析与设计

著/ 尚笑梅　李　慧
责任编辑/ 杜亚玲
封面设计/ 胡尚聪
出版发行/ 东华大学出版社
　　　　　上海市延安西路 1882 号
　　　　　邮政编码:200051

网址/www.dhupress.net
淘宝旗舰店/ dhupress.taobao.com

经销/ 全国新华书店
印刷/ 句容市排印厂
开本/ 787mm×1092mm　1/16
印张/ 14　　字数/ 360 千字
版次/ 2016 年 4 月第 1 版
印次/ 2016 年 4 月第 1 次印刷
书号/ ISBN 978-7-5669-1010-3/TS·684
定价/ 38.50 元

编后语

当完成这本书的时候,我仍然还是很不平静,能被读者和同仁认可多少呢? 能帮助到大家吗? 这是最为让我期盼得到的答案。

我国的服装样版设计,由于最早起源传统制作的模式需求,把服装结构设计和样版设计都糅合在一起称为纸样设计,意在对款式的平面式样的设计。随着产品工业化进程,服装加工技术进步的日新月异,使得服装蜕变成了两大类,其中之一即为成衣,其是具备集团化、批量化、系列化加工特征的工业品;然而对应工业化规范的指令性工业样版文件,却还停留在作坊式加工的比对模板层面,无法完全满足流水作业的要求、很难规范不同流水工位操作的一致性、也难保证产品质量的同批次性等。为此,成衣的样版在原有产品平面样式形的基础功能上,成为产品规格型号的技术文件,体现加工的定性、定型、定量、定位、定操作要求、定质量控制方法、定优化方案,并给予非语言性表述等就成为了重点内容。

我们知道要设计和制作好服装样版,必须要对成衣的传统工艺和可能应用的工艺有深刻的理解与知晓,而传统工艺技能以师带徒传授的方式大大受现有的授讲时间制约,无法形成学生对不同大类服装不同工艺结构的了解,学习环境狭窄而无法设计,进而桎梏对成衣工艺的创新;服装产品设计是工业设计的大类形式,服装加工又是一项实施工程,故而样版图形的绘制也应该符合国家工程制图标准。

我们通过近三十年的专业实践和体验,通过与国外先进企业多年的合作工作,按照国际缝型标准的引导,把原本以师傅的实物性操作示范,改变成从结构截面的图形上直接解读和理解工艺,再配合实物效果,这样直观有效地表现样版的功能结构。本书即是把成衣工业样版单列成一个系统,围绕人体特征、服装结构形态要求、缝型工艺成形的合理性、样版设计的内容、加工过程中不同工序的要求、系列样版的获取等等构建了体系知识,以成衣缝型截面图形为引子展开研究和解析的。希望能改变以往学习注重单体技能而忽视工业化规范的现象。并希望对成衣加工中 IE 系统应用给予支撑,为服装工业信息化、数字化、智能化提升给予帮助。

本书的撰写得到了太多师傅、老师和同学们的参与帮助,盐城工学院的李慧老师,从章节文字到图表完成以及全书的统稿,埋头一年多时间,使得全书 30 多万字图才能完整,辛苦了;从 1995 年开始至今,国外企业和国内外资企业的应用让我们看到工业规范带给产品的质量保证,形成了我们实际的蓝本,非常感谢;从 2012 年动笔累积本书素材开始,一届一届研究生和同学们为之付出了努力,谢谢我的学生们。本书的撰写从有想法开始到完成,经历了近十年的时间，总是想写好写好，然而行业发展飞速，加之我们的水平有限，撰写总是会滞后技术发展一些，故而本书读者如若感受有任何不足或建议，都请给予批评和指正，我们会不断地积累和总结，会继续努力的。我们也相信，我国服装产业的工业化进程，随着DT时代的到来，会再次被提升，对成衣工业样版的要求也会随之提高的，希望我们通过再努力、再实践、再体验、再学习，能更加创新和完善样版知识体系，为学科建设贡献力量。

作者
2016 年 3 月于苏州